"十三五"职业教育规划教材

CMOS模拟集成电路 设计基础

主编　王宇星

参编　钱　香　居吉乔

U0336207

中国电力出版社

CHINA ELECTRIC POWER PRESS

内 容 提 要

本书是作者结合自己多年课程教学和科研实践，在参考国内外同类教材的基础上精心编著而成。本书结合现代CMOS工艺发展，从器件物理知识出发，详细分析了各种典型的模拟CMOS集成电路的工作原理和设计方法，将电路分析与版图设计有机结合，对模拟CMOS集成电路的研究和设计具有工程应用价值。

全书共六个项目，前两个项目分别为模拟集成电路设计和MOS器件的基础知识，后四个项目分别为基本单元电路及应用设计案例。项目安排遵循由浅入深、循序渐进的规律，基础知识以"必需、够用"为度，以培养学生的职业技能为原则来设计结构、内容和形式。

本书适合作为高等职业院校微电子与集成电路设计专业教材，也可供初入模拟集成电路设计领域的工程师参考。

图书在版编目（CIP）数据

CMOS模拟集成电路设计基础/王宇星主编 . 一北京：中国电力出版社，2019.11
"十三五"职业教育规划教材
ISBN 978 - 7 - 5198 - 1028 - 3

Ⅰ.①C… Ⅱ.①王… Ⅲ.①CMOS电路－电路设计－职业教育－教材 Ⅳ.①TN432.02

中国版本图书馆 CIP 数据核字（2017）第 184735 号

出版发行：中国电力出版社
地　　址：北京市东城区北京站西街 19 号（邮政编码 100005）
网　　址：http://www.cepp.sgcc.com.cn
责任编辑：张　旻　（010-63412536）　夏华香（huaxiang-xia@sgcc.com.cn）
责任校对：王开云
装帧设计：张　娟
责任印制：吴　迪

印　　刷：北京天泽润科贸有限公司
版　　次：2019 年 11 月第一版
印　　次：2019 年 11 月北京第一次印刷
开　　本：787 毫米×1092 毫米　16 开本
印　　张：9.5
字　　数：225 千字
定　　价：30.00 元

前　言

在集成电路飞速发展的今天，CMOS 技术在模拟集成电路领域因提供了低成本、高性能的 CMOS 产品已主宰了市场。虽然硅的双极器件和Ⅲ－Ⅴ族化合物器件找到了适合的应用范围，但对于今天复杂的混合信号系统，CMOS 技术已然表现出了最好的选择。

近年来，模拟电路设计技术得到了较快的发展，由包含几十个晶体管、能处理小的连续时间信号的高电压、大功耗模拟电路，已经逐渐被由几千个器件组成，能处理大的离散信号的低电压、低功耗系统所取代。

本书主要讨论模拟 CMOS 集成电路设计基础内容，着重介绍了基本原理，从高职学生学习的特点入手引入具体项目实例，力求更适合高职学生的学习需求。由于模拟电路设计既需要直觉又要求严密，每个概念首先从直观进行引入，然后逐步进行分析。其目的是既要建立坚实的基础，又要通过观察来逐步掌握分析电路的方法，重点让学生观察到电路结构的改进，由浅入深逐步学习分析的同时，又可以综合学习。

本书以项目案例进行引导，内容和顺序经过认真选择和安排，衔接自然。项目一为模拟集成电路设计基础，主要介绍模拟集成电路功能和应用，以及基本设计方法；项目二讨论了需掌握的基本器件物理知识是电路分析的基础。核心部分包括项目三～项目六，主要为模拟集成电路中需要用到的基本电路单元，每个单元电路项目构成从易到难，每个项目又包含了基本任务，其中版图设计任务部分都配有视频资料。通过实际项目案例、相关参考文献和习题，以帮助读者自主学习，扩展读者对内容的理解，提高解决实际问题的能力。

由于 CMOS 模拟技术发展迅速，书中所涉及的内容难免有不足之处，请读者提出宝贵意见，以便进一步修订和完善。本书配有丰富的教学操作视频，读者可通过二维码下载观看。

编　者

2018 年 7 月

目　　录

项目一　CMOS 模拟集成电路设计基础

微电子技术发展到今天，目前居于主导地位的两种工艺是双极技术和 CMOS 技术。由于 CMOS 电路具有功耗低、器件面积小、集成密度高的优点，CMOS 工艺在数字集成电路中已经成为主流。由于 CMOS 器件尺寸的按比例缩小不断提高了 MOSFET 器件的速度，在模拟集成电路的设计中，CMOS 技术逐渐可以与双极技术相抗衡。此外，系统集成技术（SOC）的发展也要求采用 CMOS 工艺来设计模拟集成电路单元。为了顺应集成电路技术的发展潮流，本书采用标准的 CMOS 技术来进行模拟集成电路的分析和设计。

任务一　模拟集成电路功能

集成电路按照电路功能可分为数字集成电路（Digital IC）、模拟集成电路（Analog IC）、模数混合集成电路（Analog - Digital IC）三种。数字集成电路是处理数字信号的集成电路，即采用二进制方式进行数字计算和逻辑函数运算的一类集成电路。模拟集成电路主要是指由电容、电阻、晶体管等组成的模拟电路集成在一起用来处理模拟信号（连续变化的信号）的集成电路。既包含数字电路，又包含模拟电路的新型电路，这种电路通常称为数模混合集成电路。

三种不同电路设计方法不尽相同。为了解其不同之处，应先弄清模拟信号和数字信号的区别。可以把信号看成是任何一个可检测的电压、电流或电荷值。一个信号能传达一个物理系统的状态或行为信息。模拟信号就是在一定连续时间范围内和一定连续幅度范围内具有确定意义的信号。而数字信号则是在时间和幅度的某些离散点上有确定意义的信号。数字信号一般以加权的二进制数的和来表示，0 或 1 来进行表现。电路的规整性较强，可以用布尔代数式描述电路的功能，因此数字电路设计师能得心应手地设计较复杂电路。而模拟集成电路设计工作中还会遇见模拟取样数据信号（analog sampled - date signal）。模拟取样数据信号的幅度在一段连续范围内有意义，而在时间上只在离散点上有意义。如图 1.1 所示，T 是数字信号或取样信号的周期。图 1.1（a）为模拟信号即时间、数值都连续的信号。图 1.1（b）为取样信号示意图，在各时间点 t 上先捕捉模拟信号的幅值，于是得到时间离散而数值仍与模拟信号相应点一致的取样信号，即时间离散、数值连续的信号。然后对取样信号进行数字化转换，得到时间离散、数值离散的信号。信号经过处理后，输出信号再转换为模拟形式，输出图 1.1（c）所示的时间连续、数值离散的信号。图 1.1 中信号幅值上的台阶对模拟信号来说是一种高频噪声，在某些应用中需要用模拟滤波器将其滤除，形成真正的时间连续、数值连续的模拟信号。

模拟集成电路正是用来处理这类模拟信号，而集成化的模拟电路和采用分立器件的模拟电路设计有显著的区别，采用分立器件设计的电路所用的有源及无源元器件并不都制造在同一块衬底上；而集成化的电路则是做在同一块芯片上的，所有有源和无源元器件的几何形状、尺寸和位置都是在设计师的支配和控制下。而且，设计者不可能搭建试验电路板，只能用模拟方法进行验证，确认指标是否能达到要求。另一个不同点是，集成电路设计所选用的元器件必需和采用的集成电路工艺相兼容。

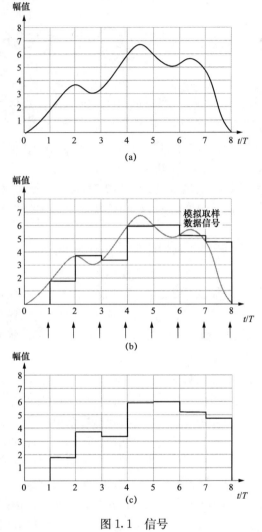

图 1.1　信号

（a）模拟或连续时间信号；（b）模拟取样信号或离散时间信号；（c）数字离散信号

任务二　模拟集成电路应用

模拟集成电路功能及应用领域主要如下。

一、电源电路

通常芯片外部供电为单一直流电源，而内部则需要不同等级的工作电压。因此需要电源电路将输入电压进行转换，如 DC‐DC（主要分为升压 boost、降压 buck 或反压 inverse）。芯片内电压变换可通过电荷泵（charge‐pump）来实现输入电压的变换，编程控制电压变化的倍数，输出毫安级电流。

为保持芯片不受外部电压波动的影响，维持内部稳定工作电压，则需要低压差线性稳压电源 LDO（Low Dropout Regulator）提供不随外部供电电压、工作温度及工艺变换的恒定电压，电路可为芯片内置模块，也可是单片结构。另外，还有提供较大输出电流、高转换效率，提供稳定工作电压和电流的开关稳压电源（switched regulator），以及对供电电源实现动态管理，使开关稳压电源内部实现数字环路反馈控制，提高开关稳压电源性能的数字化电源管理芯片。

二、驱动电路

随着平板移动市场的进一步发展，广泛使用的 LCD、OLED 以及 PDP 等显示设备都需要通过数模混合信号 SOC 驱动控制芯片来实现彩色画面质量；高保真音响系统需要高频功率放大电路驱动来实现动听的声音，其线性特性也决定了音响系统的声音失真程度，转换效率则决定了电子系统的功耗；另外控制电动机转动的计算机磁盘驱动系统、DVD 光盘驱动系统都是通过模拟驱动电路将数字控制信号转换为驱动电动机旋转的模拟信号。

三、接口电路

专用接口电路种类包括全差分信号与单端信号的接口和缓冲器、差分与单端信号的接发送器、各种标准的以太网接口电路（power over othernet，POE），以及将传感器转换的电信号输入系统处理的模拟信号，通过模拟 - 数字转换器 ADC（analog - to - digital converter）转换后在数字领域对这些弱信号处理，最终将处理后的数字信号还原成物理现象的模拟信号的数模转换器 DAC（digital - to - analog converter）。高速、高精度、低功耗 ADC、DAC 的设计是模拟集成电路的重要研究方向之一。

另外，还有完成计算机与各类外围设备多媒体间进行信号串行传输的电路，如常用的通用串行总线（universal serial bus，USB）和 IEEE 1394 接口，以及用在 PCB 上芯片间的高速信号传输的小振幅差动信号接口电路，包括低摆幅差动信号（reduced swing differential signaling，RSDS）以及低压差动信号（low voltage differential signaling，mini - LVDS）接口等。

四、时钟信号产生电路

时钟信号可以实现系统工作同步，单个模块也可作为本地时钟工作信号。最常用的时钟信号有 RC 振荡器、用于射频电路产生数百兆赫兹频率时钟信号的 LC 振荡器、用于高速数字电路和射频电路的，产生数吉赫兹频率时钟信号的压控振荡器（voltage controlled oscillator，VOC）及锁相环（phase lock loop，PLL）等。

五、RF 电路

射频电路（RF）主要应用在手机和 PAD 等移动终端，以及蓝牙、无线局域网（LNA）、GPS、汽车雷达以及军事通信等无线数据通信设备。工作频率在 300MHz 至数吉赫兹范围的高频电路。射频集成电路有更多的高频工作特殊性（如寄生参数、分布参数电路和信号反射等），设计方法不同于低频模拟集成电路，需要引入散射参数（scattering parameter）、史密斯图（smith - chart）、阻抗匹配等概念。RF 基本电路由低噪声放大器、功率放大器、混频器、带通滤波器、LC 振荡器、VCO、PLL 等构成。

六、有源滤波器

有源滤波器主要作用是除去或抑制各种干扰信号和噪声，提高系统的信噪比。有源滤波器是由运算放大器、电阻和电容构成的，对于中心频率小于 100kHz 的滤波器，通常采用 RC 有源滤波器（OPAMP＋R/C）或开关电容滤波器（switched - capacitor filter，SCF，OPAMP＋CMOS 开关＋C）；中心频率大于 100kHz 的滤波器，通常采用 Gm - C 滤波器（OTA - capacitor filter）；高频的则采用表面滤波器（surface acoustic wave filter，SAW filter）。

七、电子成像传感器电路

通过传感器电路可将自然界中物理现象转换为电信号，然后输入电子系统进行处理。CMOS 图像传感器利用 CMOS 工艺在单芯片上集成同时具有图像处理功能的图像传感器，以其体积小等优点逐渐取代传统的电荷耦合型（charge coupled device，CCD）图像传感器。

另外，各种加速度、压力和温度等传感器，由于其具有微型化、集成化、多功能等特点，广泛用于各种电子设备中。随着半导体集成电路微细加工技术和超精密加工技术的发展，单个传感器芯片已演变成功能强大的微机电系统（micro electro-mechanical systems，MEMS）。与普通传感器芯片不同，MEMS 主要检测物体的运动量，所以又称运动传感器，目前在汽车、医疗和生物工程中应用广泛。

八、存储器电路

存储器用来存储数字化的二进制数据。根据半导体存储器的性质可分为三类，即闪存存储器、静态存储器以及动态存储器。

任务三　CMOS 模拟集成电路设计流程

模拟电路设计目标是把电路的技术要求转变成实际的电路，而这一电路应能满足原定的技术要求。这是一件复杂的创造性工作。因为在设计过程中有许多可供选择的因素，需要根据设计情况决定取舍以实现一个成功的设计。模拟集成电路设计的一般过程如图 1.2 所示，设计过程的主要阶段有：

（1）确定设计要求。

（2）综合或设计。

（3）模拟或模型化。

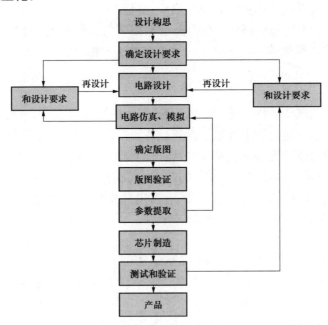

图 1.2　模拟集成电路设计流程

（4）几何版图设计。

（5）考虑几何图形寄生参数的模拟。

（6）制造。

（7）测试和验证。

除了制造阶段外，设计人员开始的最主要任务是明确设计要求和进行综合设计。这些任务完成后在制造电路以前，设计师及时评估电路性能，根据模拟结构对电路做改进，反复进行综合和模拟。模拟结果满足设计要求就需进行另一个主要设计工作——电路的几何描述（即版图设计）。版图设计要在不同层版图上做出许多矩形或多边形的图形数据。这些图形和电路的电性能有密切关系，版图完成后需要将布局、布线形成的寄生效应加以考虑再进行计算机仿真。如果模拟结果符合指标要求就可以进行芯片制造了。电路设计师面临的主要任务是确定制造好的电路是否能满足设计要求。如果在设计过程中没有仔细考虑这一步，往往导致做出电路不能通过测试，因此设计师在设计过程中从最初就应考虑测试和验证问题。

在上述各设计阶段，设计师分别应用设计描述、物理描述和模型/模拟描述三种形式的描述格式对电路进行描述。设计描述格式用来确定设计的技术要求；物理描述用来确定电路的几何结构；模型/模拟描述用来对电路进行模拟。设计师应能在不同设计阶段分别应用这三种形式描述所设计的电路。如在设计开始阶段用设计描述格式确定所要设计的模拟集成电路的技术要求，在版图设计阶段使用几何描述格式设计版图，在模拟阶段使用模型/模拟格式进行仿真模拟。

模拟集成电路设计可以按层次级别的观点进行划分，表1.1中按纵向划分为器件、电路和系统三个层次；在横向各层次级又分别具有设计、物理和模型三个描述格式。器件级设计是最底层，器件可以分别用设计描述格式、物理描述格式和模型描述格式来表示器件的技术规范要求、几何形状和模型参数。电路由器件组成，可以用器件表示。电路级的设计描述格式、物理描述格式和模型描述格式通常分别是电压和电流的关系、带参数的版图和宏模型。设计的最高层次是系统级，系统可以用电路表示。系统级的设计、物理和模型的描述格式分别为数学描述（或图形描述）、芯片版图规划和行为模型。

表1.1   **模拟集成电路的层次划分和描述格式**

层次	设计	物理	模型
系统	系统的规范要求	版图规划	行为模型
电路	电路的规范要求	带参数的块和单元	宏模型
器件	器件的规范要求	几何描述	器件模型

本书内容按集成电路分层次设计的观点进行组织编写。项目二是器件层次，介绍器件模型和电学特性，建立模型是综合设计和模拟阶段的关键，同时也需要了解符合工艺生产的CMOS工艺技术。电路层次设计分类可结合图1.3所示，项目三和项目四开始讨论简单电路（基本项目），其由两个以上的器件组成。这些子电路用来构成项目五和项目六较复杂的电路。这些电路又能进一步构成复杂的模拟系统。所以本书按照层次划分的界限从小电路开始到复杂电路做介绍，由浅入深来帮助大家对模拟集成电路设计形成有条理的概念。

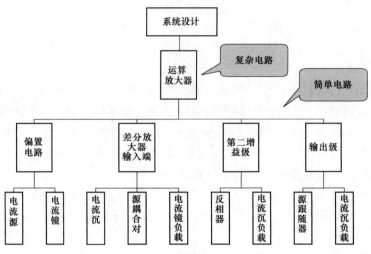

图 1.3 运算放大器电路层次划分

项 目 小 结

    本项目对 CMOS 模拟集成电路功能和应用领域。模拟电路中信号问题等做了简单的介绍。讨论了集成化模拟电路设计和使用分立器件设计模拟电路的不同之处。设计模拟集成电路时，设计师能控制电路内元器件的几何尺寸，并需计算机来进行仿真模拟是否达到指标要求，根据分层次设计的概念，完成由简单电路到复杂电路直至最后系统电路的设计。

项目二 MOS 器 件 基 础

1. 掌握 MOS 场效应晶体管的结构和工作原理
2. 掌握电阻、电容的结构
3. 掌握有源器件版图设计方法
4. 掌握无源器件版图设计方法

学习集成电路的设计，必须充分地掌握半导体器件知识，而这一点对于模拟电路的设计比对数字电路更为重要。因为在模拟电路设计中，我们不能把晶体管等效为一个简单的开关，晶体管的许多二级效应直接影响电路性能。而且，因为 IC 技术的每代更新都使器件尺寸按比例缩小，所以这些效应就变得更加重要了，因此需要设计人员深入了解器件的工作情况。电阻、电容和晶体管是模拟集成电路设计的基础，相关器件基础知识就要集成电路设计者进行掌握。在本项目中将介绍有关器件的结构、工作原理和设计考量。

任务一 MOS 器件分析与设计

1. 了解 MOS 器件基本结构和工作原理
2. 掌握 MOS 器件基本电学性
3. 了解 MOS 器件二阶效应
4. 掌握 MOS 器件版图设计方法

子任务 1 MOS 晶体管结构及工作原理

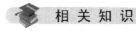

平面型器件结构（Metal‐Oxide‐Silicon Field Effect Transistor，MOSFET）按照导电沟道的不同，可以分为 NMOS 和 PMOS 器件。典型的硅栅 NMOS 器件的平面和剖面结构如图 2.1 所示。它是在 P 型硅衬底上用扩散或离子注入的方法形成两个 N^+ 区，构成 MOS 晶体管的源区和漏区，在这两个 N^+ 区上做欧姆接触引出两个电极，分别为源极（S）和漏极（D）。源区和漏区之间是 MOS 晶体管的沟道区，即 MOS 晶体管的主要工作区。用 L 和

W 分别表示沟道区的长度和宽度。沟道区上有一层二氧化硅和栅极（G）隔绝，因此 MOS 晶体管也称为绝缘栅场效应晶体管（IGFET），这层二氧化硅称为栅氧化层，栅电极一般是金属或高掺杂的多晶硅。概括地说，MOS 晶体管在纵深方向上是 3 层结构：金属栅–二氧化硅绝缘层–硅衬底；在水平方向上有 3 个区域：源区–沟道区–漏区。MOS 晶体管有 3 个重要的结构参数：沟道长度 、沟道宽度和栅氧化层厚度。另外，源、漏区结深也是比较重要的结构参数。

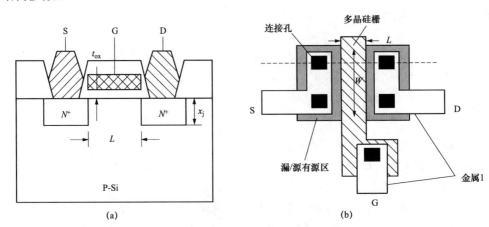

图 2.1　NMOS 晶体管的基本结构
（a）NMOS 器件剖面图；（b）器件版图

　　PMOS 在结构上同 NMOS，所不同的是衬底和源漏的掺杂类型不同。简单地说，NMOS 是在 P 型硅的衬底上，通过选择掺杂形成 N 型的掺杂区，作为 NMOS 的源漏区；PMOS 是在 N 型硅的衬底上，通过选择掺杂形成 P 型的掺杂区，作为 PMOS 的源漏区，器件源漏是完全对称，只有在应用中根据源漏电流的流向才能最后确认具体的源区和漏区。器件的栅是具有一定电阻率的多晶硅材料，这也是硅栅 MOS 器件的命名根据。在多晶硅栅与衬底之间是一层很薄的优质二氧化硅，处于两个导电材料之间的这一层二氧化硅用于绝缘这两个导电层，它是绝缘介质。从结构上看，多晶硅栅–二氧化硅介质–掺杂硅衬底形成了一个典型的平板电容器。通过对栅电极施加一定极性的电荷，硅衬底上就会产生等量的异种电荷，其电荷产生方式正是 MOS 器件工作的基础。

　　图 2.2～图 2.4 说明了 NMOS 器件工作的基本原理。当在 NMOS 的栅极施加相对于源极正电压 V_{GS} 时，栅极的正电荷吸引出 P 型衬底上等量的负电荷，随着 V_{GS} 的增加，衬底中接近硅–二氧化硅界面的表面处的负电荷增多。变化过程如下：当 V_{GS} 比较小时，栅极的正电荷不能使硅–二氧化硅界面处积累可运动的电子电荷，这是因为 P 型衬底的多数载流子是正电荷空穴，栅极的正电荷首先是驱赶表面的空穴，使表面正电荷耗尽，形成带负电的耗尽层。虽然有 V_{DS} 的存在，但因为没有可运动的电子，无明显的源漏电流产生。随着 V_{GS} 的加大耗尽层逐渐增宽，少量的电子被吸引到表面，形成可运动的电子电荷，表面积累的可运动电子数量越来越多。这时的衬底负电荷由两部分组成：表面的电子电荷与耗尽层中的固定负电荷，忽略二氧化硅层中的电荷影响，这两部分负电荷的数量之和等于栅上正电荷的数量。当电子积累到一定的程度后，表面的多数载流子变成了电子，具有了 N 型半导体的导电性质，表面即出现了反型。根据晶体管理论，当 NMOS

晶体管表面达到强反型时所对应的 V_{GS} 值称为 NMOS 晶体管的阈值电压 V_{TN}。这时，器件的结构发生了变化，自左向右，从原先的 N-P-N 结构变成了 N-N-N 结构，表面反型的区域称为沟道区。在 V_{DS} 的作用下，N 型源区的电子经过沟道区到达漏区，形成由漏流向源的源漏电流。显然，V_{GS} 的数值越大，表面处的电子密度越大，相对的沟道电阻越小，在同样 V_{DS} 的作用下，源漏电流越大。当 V_{DS} 的值很小时，沟道区近似为一个线性电阻，此时的器件工作区称为线性区，其电流-电压特性如图 2.3 所示。

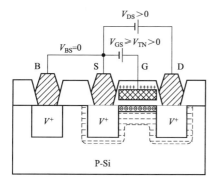

图 2.2　NMOS 处于导通时的状态　　图 2.3　线性区的 I-V 特性

当 V_{GS} 大于 V_{TN}，随着 V_{DS} 的增加，NMOS 沟道区的形状将逐渐地发生变化。在 V_{DS} 较小时，沟道区为平行于表面的矩形，当 V_{DS} 增大后，源端电压 V_{GS} 和 V_{DS} 在漏端的差值逐渐减小，并且因此导致漏端的沟道区变薄，当达到 $V_{DS}=V_{GS}-V_{TN}$ 时，在漏端形成了 $V_{DS}-V_{GS}=V_{TN}$ 的临界状态，这一点称为沟道夹断点，器件的沟道区变成了楔形，最薄的点位于漏端，而源端仍维持原先的沟道厚度。器件处于 $V_{DS}=V_{GS}-V_{TN}$ 的工作点称为临界饱和点。其状态如图 2.4 所示，这时的 NMOS 晶体管的电流-电压特性曲线发生弯曲，不再保持线性关系，如图 2.5 所示。在临界饱和点之前的工作区域称为非饱和区，它是 V_{DS} 很小时的一段。

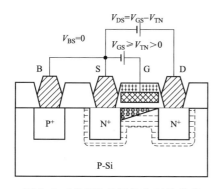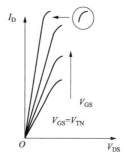

图 2.4　NMOS 临界饱和时的状态　　图 2.5　临界饱和时的电流-电压特性

在 V_{GS} 一定的情况下增加 V_{DS}（$V_{DS}>V_{GS}-V_{TN}$），漏端的导电沟道消失，只留下耗尽层，沟道夹断点向源端趋近。由于耗尽层电阻远大于沟道电阻，所以这种向源端的趋近实际上位移值 ΔL 很小，大于 $V_{GS}-V_{TN}$ 的部分电压落在很小的一段由耗尽层构成的区域内影响很小。因此，再增加源漏电压 V_{DS}，电流也不会增加，趋于饱和，这时的工作区称为饱和区，图 2.6 显示了器件此时沟道情况。图 2.7 是完整的 NMOS 晶体管电流-电压特性曲线，图 2.7

中的虚线是非饱和区和饱和区的分界线，$V_{GS}<V_{TN}$ 的区域为截止区。

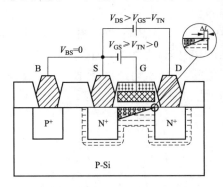
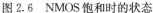

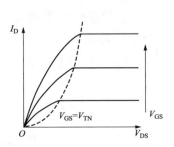

图 2.6　NMOS 饱和时的状态　　　　图 2.7　NMOS 晶体管电流 - 电压特性曲线

　　由于 ΔL 的存在，实际沟道长度 L 将变短，对于长沟道器件（L 较大），$\Delta L / L$ 比较小，对器件影响不大，但是对于短沟道器件，这个比值将变大，将对器件的特性产生影响。饱和区电流 - 电压特性将向上倾斜，即工作在饱和区的 NMOS 电流将随着 V_{DS} 的增加而增加。这种在 V_{DS} 作用下沟道长度的变化引起输出特性变化的效应称为沟道长度调制效应（在二阶效应部分做具体介绍）。

　　PMOS 器件的工作原理与 NMOS 类似。因为 PMOS 是 N 型硅衬底，其中的多数载流子是电子，少数载流子是空穴，源漏区的掺杂类型是 P 型，所以，PMOS 的工作条件是在栅极相对于源极施加负电压，在衬底感应的是可运动的正电荷空穴和带固定正电荷的耗尽层，忽略二氧化硅中存在的电荷的影响，衬底中正电荷数量就等于 PMOS 栅上的负电荷的数量。

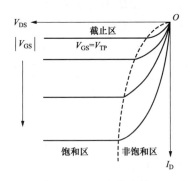

图 2.8　PMOS 的电流 -
电压特性曲线

强反型时，相对于源端为负的源漏电压的作用下，源端的正电荷空穴经过导通的 P 型沟道到达漏端，形成从源到漏的源漏电流。同样地，V_{GS} 负值越小（绝对值越大）沟道的导通电阻越小，电流的数值越大。与 NMOS 一样，导通的 PMOS 的工作区域也分为线性区、临界饱和点和饱和区。当然，不论 NMOS 还是 PMOS，当未形成反型沟道时，都处于截止区，其电压条件是 $V_{GS}<V_{TN}$（NMOS），$V_{GS}>V_{TP}$（PMOS），PMOS 的 V_{GS} 和 V_{TP} 都是负值。PMOS 的电流 - 电压特性曲线如图 2.8 所示。

　　以上所讨论的 MOS 器件称为增强型 MOS 晶体管（增强型 NMOS 晶体管和增强型 PMOS 晶体管），只有施加在栅上的电压绝对值大于器件阈值电压的绝对值时，器件才开始导通，在源漏电压的作用下，才能形成源漏电流。

　　除此之外，还有一类 MOS 器件，在没有栅上电压作用时（$V_{GS}=0$），在衬底上就已经形成了反型沟道，在 V_{DS} 的作用下形成源漏电流。这样的 MOS 器件称为耗尽型 MOS 晶体管（耗尽型 NMOS 晶体管和耗尽型 PMOS 晶体管）。它的初始导电沟道形成主要来自两个方面：栅极中介质二氧化硅含有的固定电荷感应，这种固定正电荷是在二氧化硅形成工艺中或后期加工中引入的，通常是不希望存在的。另外一种是通过工艺的方法在器件衬底的表面形成一层反型材料。显然，前者较后者具有不确定性，后者是为了获得耗尽型 MOS 晶体管而专门进行的工艺加工，具有可控性。

对于耗尽型器件，由于 $V_{GS} = 0$ 时就存在导电沟道，因此，要关闭沟道需增加反极性电压。如对耗尽型 NMOS 晶体管，由于在器件的表面已经积累了较多的电子，必须在栅极上施加负电压，才能驱赶表面的电子。对耗尽型 PMOS 晶体管，由于器件表面已经存在积累的正电荷空穴，必须在栅极上施加正电压才能使表面导电沟道消失。这种施加的电压称为夹断电压 V_p，NMOS 的夹断电压 $V_{PN} < 0$，PMOS 的夹断电压 $V_{pp} > 0$。

综上所述，MOS 晶体管具有增强型 NMOS 晶体管、耗尽型 NMOS 晶体管、增强型 PMOS 晶体管、耗尽型 PMOS 晶体管四种基本类型。在实际应用中，对数字逻辑电路，较多地使用增强型器件，在模拟集成电路中，增强型和耗尽型 MOS 器件都有广泛地应用。MOS 晶体管也可根据端口数量进行分类，如图 2.9 所示。

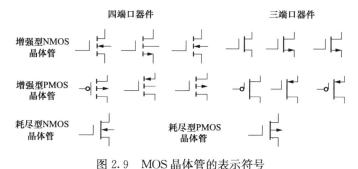

图 2.9　MOS 晶体管的表示符号

子任务 2　MOS 晶体管的电学特性

1. MOS 晶体管阈值电压 V_{TH}

阈值电压 V_{TH} 是 MOS 晶体管的一个重要电参数，也是集成电路制造工艺中的重要控制参数。V_{TH} 的大小以及一致性对电路甚至集成系统的性能具有决定性的影响。

下面分析哪些因素将对 MOS 晶体管的阈值电压的数值产生影响。

NMOS 管考虑体效应后的 V_{TH} 即栅压为

$$V_{TH} = V_{TH0} + \gamma \left[\sqrt{2 \left| \varphi_F \right| + V_{SB}} - \sqrt{2 \left| \varphi_F \right|} \right] \tag{2.1}$$

式中 $V_{TH0} = V_{TH}(V_{SB} = 0)$

$$V_{TH0} = V_{FB} + 2 \left| \varphi_F \right| + \frac{\sqrt{2 q \varepsilon_{si} N_{SUB} 2 \left| \varphi_F \right|}}{C_{OX}} \tag{2.2}$$

$$\gamma = 体效应因子\,(V^{1/2}) = \frac{\sqrt{2 q \varepsilon_{si} N_{SUB} 2 \left| \varphi_F \right|}}{C_{OX}}$$

$$\varphi_F = 平衡状态费米势\,(V) = \frac{kT}{q} \ln \left(\frac{N_{SUB}}{n_i} \right)$$

$$V_{FB} = 平带电压\,(V) = \varphi_{GB} - \frac{Q_{SS}}{C_{OX}}$$

首先，从表达式分析可知，要在衬底表面产生反型层，必须施加能够将表面耗尽并且形成衬底少数载流子积累的栅源电压，其大小与衬底的掺杂浓度有关。衬底掺杂浓度越低，多数载流子的浓度也越低，使衬底表面耗尽和反型所需要的电压 V_{GS} 越小。所以，衬底掺杂浓度是一个重要的参数，衬底掺杂浓度越低，器件的阈值电压将越小，反之则阈值电压越高。

第二个对器件阈值电压具有重要影响的参数是多晶硅与硅衬底的功函数差 φ_{GB}，这和栅材料性质以及衬底的掺杂类型有关。

$$\varphi_{GB} = \varphi_F(SUB) - \varphi_F(GATE) \tag{2.3}$$

对于 P-SUB 的 NMOS 器件

$$\varphi_F(SUB) = \frac{kT}{q}\ln\left(\frac{n_i}{N_{SUB}}\right) \tag{2.4}$$

对于 n^+ 多晶硅栅电极的 NMOS 器件

$$\varphi_F(GATE) = \frac{kT}{q}\ln\left(\frac{N_{GATE}}{n_i}\right) \tag{2.5}$$

第三个影响阈值电压的因素是作为介质的二氧化硅中的电荷以及电荷的性质。这种电荷一部分带正电，一部分带负电，其极性对衬底表面产生电荷感应，从而影响或阻碍反型层的形成。

第四个影响阈值电压的因素是由栅氧化层厚度决定的单位面积栅电容的大小。单位面积栅电容越大，器件的阈值电压越小。所以栅氧化层的厚度越薄，单位面积栅电容 C_{OX} 越大，相应的阈值电压越低。

对于一个成熟稳定的工艺和器件基本结构，阈值电压的调整主要通过改变衬底掺杂浓度或衬底表面掺杂浓度，适当调整栅氧化层的厚度也可对阈值电压进行调整。

问题：请考虑 PMOS 管的 V_{TH} 表达式？

2. MOS 晶体管 *I-V* 特性（视频-MOS 管）

对于 MOS 晶体管图 2.10 清楚地画出了 NMOS、PMOS 晶体管，箭头方向代表器件正常工作时源极与漏极之间的实际电流流向。NMOS 工作时源极提供载流子为电子，电流从漏极流向源极；PMOS 工作时漏极提供的载流子为空穴，因此电流从源极流向漏极。电流-电压特性的经典描述可通过萨氏方程来呈现，在不考虑沟道调制效应，即 $\lambda = 0$ 的情况下，NMOS 晶体管的萨氏方程如式（2.6）～式（2.8）所示。其中，式（2.6）是 NMOS 晶体管在非饱和区的方程，式（2.7）是饱和区的方程，式（2.8）是截止区的方程。

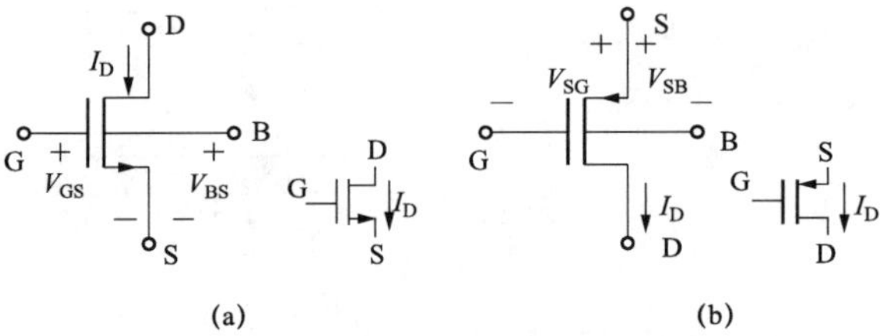

图 2.10　电压电流方向的规定
(a) NMOS 晶体管；(b) PMOS 晶体管

$$I_D = \mu_n C_{OX}\frac{W}{L}\left[(V_{GS} - V_{TN})V_{DS} - \frac{1}{2}V_{DS}^2\right] \qquad V_{GS} \geqslant V_{TN} \ \ V_{DS} < V_{GS} - V_{TN} \tag{2.6}$$

$$I_D = \frac{1}{2}\mu_n C_{OX}\frac{W}{L}(V_{GS} - V_{TN})^2 \qquad V_{GS} \geqslant V_{TN} \ \ V_{DS} \geqslant V_{GS} - V_{TN} \tag{2.7}$$

$$I_D = 0 \qquad V_{GS} < V_{TN} \tag{2.8}$$

$$C_{OX}=\frac{\varepsilon_{OX}}{t_{OX}}=\varepsilon_{sio2}\varepsilon_0/t_{ox} \tag{2.9}$$

式中　μ_n——电子迁移率；

C_{OX}——单位面积电容；

ε_0——真空介电常数，$\varepsilon_0=8.85\times10^{-4}$F/cm，约为 3.9；

ε_{sio2}——二氧化硅相对介电常数；

t_{ox}——栅氧化层的厚度；

W——沟道宽度；

L——沟道长度；

W/L——器件的宽长比，是器件设计的重要参数。

萨氏方程是 MOS 晶体管设计的最重要，也是最常用的方程，是电路设计的基础。

问题：对于 PMOS 晶体管，也有类似的萨氏方程形式，请写出 PMOS I-V 特性方程。

当 $\lambda=0$ 时，令 $V_{GS}-V_{TN}$ 取不同的数值，I_D 和 V_{DS} 的关系曲线如图 2.11 所示，这些曲线的最高点，MOS 管认为处于饱和状态。

此时 V_{DS} 的值称为饱和电压 V_{DS}（饱和）$=V_{GS}-V_{TN}$。

对应不同 V_{GS} 值的各个饱和电压形成的曲线就是划分 MOS 器件另外两个工作区域的分界线。如果 $V_{DS}<V_{DS}$（饱和），MOS 管工作在非饱和区，当 $V_{DS}>V_{DS}$（饱和）或 $V_{DS}\geq V_{GS}-V_{TN}$。

工作区域是饱和区，如不考虑沟道长度调制效应的影响，I_D 随 V_{DS} 的改变而改变。

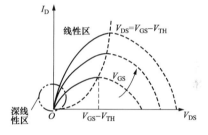

图 2.11　I_D 随 V_{DS} 的变化曲线

输出特性曲线如图 2.12 所示，在饱和区的漏电流为 I_D 的 V_{GS} 值，图中实线相当于 $\lambda=0$，虚线为 $\lambda\neq0$ 的情况。

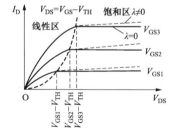

图 2.12　MOS 输出特性曲线

【例 2.1】　给定晶体管的 $W/L=50$ μm/5 μm，结合附表工艺条件给定的参数计算下面的内容。如果 NMOS 晶体管 D、G、S 和 B 电压分别为 5、3、0、0V，求漏电流。如果 PMOS 晶体管 D、G、S 和 B 电压分别为 -5、-3、0、0V，求漏电流。

请自行分析。

提示：V_{DS}（饱和）$=3V-1V=2V$，此时 V_{DS} 为 5V 大于 V_{DS}（饱和），所以 NMOS 工作的饱和区，利用萨氏方程可得 I_D 大小。同理可分析 PMOS。

3. MOS 晶体管平方律转移特性

将 MOS 器件的栅源连接，因为 $V_{GS}=V_{DS}$，所以，器件一定工作在饱和区。这时，器件的电流-电压特性符合饱和区的萨氏方程，遵循平方律的函数关系。四种 MOS 器件的平方律转移特性如图 2.13 所示，这样的连接方式应用在许多设计中。

从转移特性上看，在器件表面形成沟道以后，源漏电流才产生，反之则没有源漏电流。

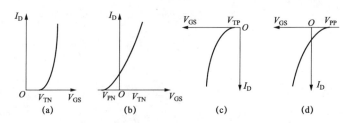

图 2.13 MOS 器件的平方律转移特性

(a) 增强型 NMOS 转移特性；(b) 耗尽型 NMOS 转移特性；(c) 增强型 PMOS 转移特性；

(d) 耗尽型 PMOS 转移特性

4. MOS 晶体管的跨导 g_{m}

MOS 晶体管的跨导 g_{m} 是衡量 MOS 器件的栅源电压对源漏电流控制能力的参数，表征 CMOS 器件将电压转换为电流变化的能力，是 MOS 器件的一个极为重要的参数。式 (2.10) 和式 (2.11) 分别给出了 NMOS 晶体管在非饱和区和饱和区的跨导公式。

$$g_{\mathrm{m}} = \left. \frac{\partial I_{\mathrm{D}}}{\partial V_{\mathrm{GS}}} \right|_{V_{\mathrm{DS}}, V_{\mathrm{BS}}=C} = \mu_{\mathrm{n}} C_{\mathrm{OX}} \frac{W}{L} V_{\mathrm{DS}} \tag{2.10}$$

$$g_{\mathrm{m}} = \left. \frac{\partial I_{\mathrm{D}}}{\partial V_{\mathrm{GS}}} \right|_{V_{\mathrm{DS}}, V_{\mathrm{BS}}=C} = \mu_{\mathrm{n}} C_{\mathrm{OX}} \frac{W}{L} (V_{\mathrm{GS}} - V_{\mathrm{TN}}) \tag{2.11}$$

从式 (2.10)、式 (2.11) 可以看出，MOS 器件的跨导和载流子的迁移率 μ_{n}、器件的宽长比 (W/L) 成正比。同时，跨导还和器件所处的工作状态有关。g_{m} 的数值反映了 CMOS 器件的灵敏度，根据式 (2.7)、式 (2.11) 还能推导出式 (2.12) 和式 (2.13) 所示的其他两种表达式。

$$g_{\mathrm{m}} = \sqrt{2 \mu_{\mathrm{n}} C_{\mathrm{OX}} \frac{W}{L} I_{\mathrm{D}}} \tag{2.12}$$

$$g_{\mathrm{m}} = \frac{2 I_{\mathrm{D}}}{V_{\mathrm{GS}} - V_{\mathrm{TH}}} \tag{2.13}$$

从式 (2.11)、式 (2.12) 可以看出，如果管子 W/L 不变，g_{m} 随过驱动电压或漏极电流的增加而增大；从式 (2.13) 可以看出，如漏极电流不变，g_{m} 随过驱动电压的增加而减小（此时，为了保持漏极电流不变，在增加过驱动的同时要相应减小宽长比 W/L）。

对 PMOS 器件，器件的跨导公式与 NMOS 完全一致，仅仅需将电子的迁移率改为空穴的迁移率，NMOS 的阈值电压用 PMOS 的阈值电压代替。

5. MOS 晶体管直流导通电阻

MOS 器件的直流导通电阻 R_{on} 定义为源漏电压和源漏电流的比值。式 (2.14) 和式 (2.15) 给出了 NMOS 晶体管在非饱和区和饱和区的直流导通电阻公式。

$$R_{\mathrm{on}} = \frac{V_{\mathrm{DS}}}{I_{\mathrm{D}}} = \frac{2}{\mu_{\mathrm{n}} C_{\mathrm{OX}} [2(V_{\mathrm{GS}} - V_{\mathrm{TN}}) - V_{\mathrm{DS}}]} \frac{L}{W} \tag{2.14}$$

$$R_{\mathrm{on}} = \frac{2}{\mu_{\mathrm{n}} C_{\mathrm{OX}}} \frac{V_{\mathrm{DS}}}{(V_{\mathrm{GS}} - V_{\mathrm{TN}})^2} \frac{L}{W} \tag{2.15}$$

在非饱和区，即当 V_{DS} 很小时，式 (2.14) 可用式 (2.16) 近似表示。

$$R_{\mathrm{on}} = \frac{1}{\mu_{\mathrm{n}} C_{\mathrm{OX}} (V_{\mathrm{GS}} - V_{\mathrm{TN}})} \frac{L}{W} \tag{2.16}$$

该式表示当 V_{GS} 一定时，沟道电阻近似为一个不变的电阻。

在临界饱和点，将 $V_{DS} = V_{GS} - V_{TN}$ 代入式（2.16），则 NMOS 晶体管的直流导通电阻可表示为

$$R_{on} = \frac{2}{\mu_n C_{OX}} \frac{1}{(V_{GS} - V_{TN})} \frac{L}{W} \tag{2.17}$$

比较式（2.16）和式（2.17）可以看到，临界饱和点的导通电阻是线性区的两倍。由式（2.14）~式（2.17）可知，直流导通电阻随 $(V_{GS} - V_{TN})$、μ_n、W/L 的增加而减小，在设计器件时必须注意这些因素对器件性能的影响。

提问：请写出 PMOS 晶体管的表达式。

6. MOS 晶体管交流电阻

交流电阻是器件动态性能的一个重要参数，它等于：

$$r_{ds} = \frac{\partial V_{DS}}{\partial I_D}\bigg|_{V_{GS}, V_{BS=C}} = \frac{1}{g_{ds}} \tag{2.18}$$

忽略 MOS 晶体管的沟道长度调制效应，MOS 晶体管在饱和区的交流电阻应该是无穷大和输出电导 g_{ds} 成反比。实际上，由于沟道长度调制效应的作用，r_{ds} 的数值一般为 10k~500kΩ。

在非饱和区，交流电阻的表达式：

$$r_{ds} = \frac{\partial V_{DS}}{\partial I_{DS}} = \frac{1}{\mu_n C_{OX}} \frac{L}{W} \frac{1}{(V_{GS} - V_{TN}) - V_{DS}} \tag{2.19}$$

当 V_{DS} 很小时，即在非饱和区

$$r_{ds} = \frac{1}{\mu_n C_{OX}} \frac{L}{W} \frac{1}{(V_{GS} - V_{TN})} = \frac{1}{g_m} \tag{2.20}$$

这里，g_m 是 NMOS 晶体管在饱和区的跨导。式（2.20）表明，NMOS 晶体管在非饱和区的交流电阻等于 NMOS 晶体管在饱和区的跨导的倒数。

7. MOS 晶体管最高工作频率

MOS 器件的最高工作频率的定义：源漏交流接地时，通过沟道电容的电流和漏源电流的数值相等时所对应的工作频率为 MOS 器件的最高工作频率。

当栅源间输入交流信号时，由源极流入的电子流，一部分对沟道电容 C_{GC} 充电，一部分经过沟道流向漏极，形成漏源电流的增量，因此，当电流全部用于对沟道电容充放电时，晶体管也就失去了放大能力。这时，

$$\omega C_{GC} V_g = g_m V_g \tag{2.21}$$

最高工作频率

$$f_m = \frac{g_m}{2\pi C_{GC}} \tag{2.22}$$

沟道电容等于栅区面积与单位面积栅电容之积，即

$$C_{GC} \propto WLC_{OX} = WL\frac{\varepsilon_{OX}}{t_{OX}} \tag{2.23}$$

得

$$f_m = \frac{\mu}{2\pi L^2}(V_{GS} - V_{TH}) \tag{2.24}$$

这是一个通用表达式，μ 是沟道载流子迁移率，V_{TH} 是 MOS 器件的阈值电压。计算最

高工作频率时，可将载流子迁移率数值和阈值电压数值代入计算。

从最高工作频率的表达式可知最高工作频率与 MOS 器件的沟道长度的平方成反比，适当减小沟道长度 L 可有效地提高工作频率。

子任务3　MOS 晶体管二阶效应

上面讨论中为突出 MOS 器件的基本特性，暂时忽略了它们的二阶效应，包括亚阈值导电特性、体效应、沟道调制效应。这些二阶效应对现代模拟集成电路设计也是非常重要的。

1. 亚阈值导电特性

下面介绍对于模拟电路设计中 MOS 常用的另一种状态——亚阈值区。

亚阈值区即弱反型区是 MOS 管二阶效应的一种，其条件 $4V_T < V_{GS} < V_{TN}$，此时电流为

$$I_D = I_{D0} \exp \frac{V_{GS}}{nV_T} \tag{2.25}$$

$$I_{D0} = \mu_n C_{OX}/2m$$

式中　I_{D0}——特征电流；

　　　m——工艺因子；

　　　V_T——热电势；

　　　n——亚阈值斜率因子（$1 < n < 3$）。

当 $V_{DS} > BV_{DS}$（BV_{DS} 为 MOS 管的击穿电压）时，称为击穿区，这是需要避免的区域。

亚阈值区工作特点：

（1）亚阈值区的漏极电流与栅源电压呈指数关系，类似于双极晶体管。

（2）亚阈值区看跨导为 $g_m = I_D/nV_T$ MOS 管的最大跨导比双极型晶体管（I_C/V_T）小，I_D 不变时增大器件宽 W 可以提高跨导，但 I_D 保持不变的条件是必须降低 MOS 管的过驱动电压。

（3）为了得到亚阈值区 MOS 管的大跨导，其工作速度受到限制（大的器件尺寸引入了大的寄生电容）。

2. MOS 器件的衬底偏置效应（体效应 γ）

在前面的讨论中，都没有考虑衬底电位对器件性能的影响，都是假设衬底和器件的源极相连，即 $V_{BS} = 0$ 的情况，而实际工作中，经常出现衬底和源极不相连的情况，此时，V_{BS} 不等于 0。

在器件的衬底与器件的源区形成反向偏置时，将对器件产生什么影响呢？

由基本的 PN 结理论可知，处于反偏的 PN 结的耗尽层将展宽。所以，当衬底与源处于反偏时，也将使衬底中的耗尽层变厚，使得耗尽层中的固定电荷数增加。由于栅电容两边电荷守衡，所以在栅上电荷没有改变的情况下，耗尽层电荷的增加，必然导致沟道中可动电荷的减少，从而导致导电水平下降。若要维持原有的导电水平，必须增加栅压，即增加栅上的电荷数。对器件而言，衬底的反偏相当于使 MOS 晶体管的阈值电压的数值提高了。所谓的衬底偏置效应的结果是使 MOS 晶体管的阈值电压的数值提高，对 NMOS，V_{TN} 更正；对 PMOS，V_{TP} 更负，即阈值电压的绝对值提高了。这称为体效应或背栅效应。

在工程设计中，衬底偏置效应对阈值电压的影响可用下面的近似公式计算：

$$\Delta V_{TH} = \pm \gamma \sqrt{|V_{BS}|} \tag{2.26}$$

γ 为衬底偏置效应系数，它随衬底掺杂浓度而变化，典型值：

NMOS 晶体管，$\gamma = 0.7 \sim 3.0$；

PMOS 晶体管，$\gamma = 0.5 \sim 0.7$。

对 PMOS 晶体管，ΔV_{TH} 取负值；对 NMOS 晶体管，ΔV_{TH} 取正值。

3. 沟道调制效应 λ

在分析器件的工作原理时，在饱和区沟道会发生夹断，且夹断点的位置随栅漏之间电压差的增加而向源极移动，所以实际反型沟道长度逐渐减小，即有效沟道长度 L 实际上是 V_{DS} 的函数。这一效应为沟道长度调制。定义，$L' = L - \Delta L$，$\Delta L / L = \lambda V_{DS}$，在饱和区，得到漏级电流为

$$I_D \approx \frac{1}{2} \mu_n C_{OX} \frac{W}{L} (V_{DS} - V_{TH})^2 (1 + \lambda V_{DS}) \tag{2.27}$$

其中，λ 是沟道长度调制系数。如图 2.14 所示，这种现象使 I_D / V_{DS} 特性曲线在饱和区出现非零斜率，因而使 D 和 S 之间电流源非理想。参数 λ 表示给定的 V_{DS} 增量所吸引起的沟道长度的相对变化量。因此，对于较长的沟道，λ 值较小。

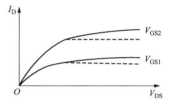

考虑到沟道长度调制，g_m 的某些表达式修改为

图 2.14　沟道调制效应引起的饱和区有限斜率

$$g_m = \mu_n C_{OX} \frac{W}{L} (V_{GS} - V_{TH})(1 + \lambda V_{DS})$$
$$= \sqrt{\mu_n C_{OX}(W/L) I_D (1 + \lambda V_{DS})} \tag{2.28}$$

所以，沟道调制效应改变了 MOS 管的 I-V 特性，进而改变了跨导。

同时，在不考虑沟道调制效应时，MOS 工作在饱和区时漏源之间的交流电阻为无穷大，是一个理想的电流源，而考虑沟道调制效应后，由于漏电流随漏源电压变化而变化，此时电流源的电流值与其电压呈线性关系，可以等效为一个连接在漏源之间的线性电阻，阻值为

$$r_{ds} = \frac{\partial V_{DS}}{\partial I_D} = \frac{1}{\frac{1}{2} \mu_n C_{OX} \frac{W}{L}(V_{GS} - V_{TH})^2 \lambda} \approx \frac{1}{\lambda I_D} \tag{2.29}$$

一般称 r_{ds} 为 MOS 管的输出阻抗，它会限制放大器的最大电压增益，影响模拟电路性能。

【例 2.2】　保持所有其他参数不变，对于 $L = L_1$ 和 $L = L_2$，画出 MOSFET 的 I_D / V_{DS} 的特性曲线。

解：根据

$$I_D \approx \frac{1}{2} \mu_n C_{OX} \frac{W}{L} (V_{GS} - V_{TH})^2 (1 + \lambda V_{DS}) \tag{2.30}$$

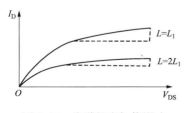

以及 $\lambda \propto 1/L$，注意到，如果长度增加一倍，由于 $\partial I_D / \partial V_{DS} \propto \lambda / L \propto 1/L^2$，如图 2.15 所示，因此 I_D / V_{DS} 的斜率将变为原来的 1/4。若栅-源过驱动电压给定，L 越大，λ 越小，但漏极电流相应减小，为保持同样电流需要按比例增大 W（即保持宽长比 W/L 不变）。

图 2.15　沟道长度加倍影响

同时，模拟 CMOS 集成电路中，沟道调制系数 λ 与栅

长也有一定的关系，通常不使用工艺允许的最小栅长 $L_{\min}$，一般取 $L=（4\sim8）L_{\min}$，以减小 λ 值，提高放大器增益。

当电路中存在一定频率的交流信号时，偏置在饱和区的 MOS 管二阶效应就会产生影响，就可以用交流小信号模型来加以分析。小信号是指对偏置影响非常小的信号，在饱和区时 MOS 管的漏极电流是栅源电压的函数，可引入一个压控电流源，电流值 $g_m V_{GS}$，且由于栅源之间的低频阻抗很高，因此可得到一个理想的 MOS 管小信号模型，如图 2.16（a）所示；沟道调制效应的存在如图 2.16（b）所示；由于沟道调制效应等效于漏源之间的电阻 r_{ds}，而衬底偏置效应则体现出背栅效应，即可用衬源之间的等效压控电流源 $g_{mb}V_{bs}$ 表示，因此 MOS 管在饱和区时的小信号等效模型如图 2.16（c）所示。高频情况下只需在不同极点间加入寄生电容如图 2.16（d）所示。

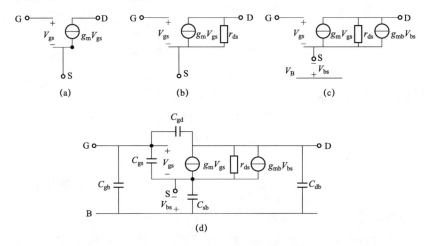

图 2.16　MOS 晶体管小信号模型

（a）基本小信号模型；（b）电阻表示沟道调制效应；（c）体效应应用独立电流源表示；

（d）高频特性的完整小信号模型

拓展内容：MOS 器件应用——有源电阻

有源电阻是指采用晶体管进行适当的连接并使其工作在一定的状态，利用其直流和交流导通电阻作为电路中的电阻元件使用。双极型晶体管和 MOS 晶体管均可担当有源电阻，在这里将只讨论 MOS 器件作为有源电阻的情况，双极型器件作为有源电阻的原理类似。

将 MOS 晶体管的栅和漏短接，使导通的 MOS 晶体管始终工作在饱和区。有多种有源电阻的结构，图 2.17 只给出了增强型 NMOS 和 PMOS 有源电阻的器件接法和电流 - 电压特性曲线，图 2.18 给出了体效应 $V_{bs}=0$ 情况下小信号等效电路。

在这种应用中应将 NMOS 的源接较低的电位，NMOS 管的电流从漏端流入，从源端流出；将 PMOS 的漏接较低的电位，电流从源端流入，从漏端流出。

从这每个 MOS 晶体管可以得到直流电阻和交流电阻两种电阻。

NMOS 的直流电阻所对应的工作电流是 I，源漏电压是 V，直流电阻

$$R_{on}\Big|_{V_{GS}=V}=\frac{2}{\mu_n C_{OX}}\frac{L}{W}\frac{V}{(V-V_{TN})^2} \tag{2.31}$$

而交流电阻是曲线在工作点 Q 处的切线。因为 $V_{DS}=V_{GS}$，所以，

$$r_{ds} = \frac{\partial V_{DS}}{\partial I_{DS}}\bigg|_{V_{GS}=V} = \frac{\partial V_{GS}}{\partial I_{DS}}\bigg|_{V_{DS}=V} = \frac{1}{g_m} = \frac{1}{\mu_n C_{OX}}\frac{L}{W}\frac{1}{(V-V_{TN})} \tag{2.32}$$

即交流电阻等于工作点为 V 的饱和区跨导的倒数。显然，这个电阻是一个非线性电阻，但因为一般交流信号的幅度较小，因此，这个有源电阻在模拟集成电路中的误差并不大。

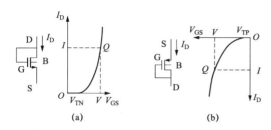

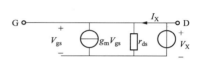

图 2.17　MOS 有源电阻及其 I-V 曲线　　　　图 2.18　MOS 小信号等效电路
(a) NMOS 有源电阻；(b) PMOS 有源电阻

对于 PMOS 有源电阻，也有类似的结果。

从上述的分析和曲线可以看出，饱和接法的 MOS 器件的直流电阻在一定的范围内比交流电阻大。在许多的电路设计中正是利用了这样结构的有源电阻所具有的交、直流电阻不一样的特性来实现电路的需要。利用 MOS 的工作区域和特点，也能够得到具有直流电阻小于交流电阻的特性。从图 2.19 所示的 MOS 晶体管伏安特性可知，工作在 Q 点的 NMOS 晶体管具有直流电阻小于交流电阻的特点。

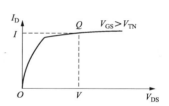

图 2.19　饱和区的 NMOS
有源电阻示意图

对于理想情况，Q 点的交流电阻应为无穷大，实际上因为沟道长度调制效应，交流电阻为一个有限值，但远大于其直流电阻。这样，得到了两种有用的有源电阻。通过对 MOS 器件适当的连接和偏置，可以获得所需的有源电阻。有源电阻在模拟集成电路中得到广泛应用，后面将介绍这些电阻在电路设计中的应用。

子任务 4　MOS 器件版图设计

　相 关 知 识

MOS 器件版图（视频 - MOS 管版图）

MOS 晶体管的宽长比 W/L 和源漏面积的尺寸对于管子很重要，主要由电特性和工艺要求的设计规则共同决定。当使用大尺寸晶体管时可以拆分管子，采用并联晶体管结构，以减小因栅极太长，多晶硅栅形成的电阻使信号幅度衰减的影响。

拆分管子时需要考虑管子匹配，要应用单元匹配原则和同心布局原则。具体步骤如下：

(1) 分段：大尺寸 MOS 管分段成若干小尺寸 MOS 管，如图 2.20 所示的设计，将 $W/$

$L=400/1$ 的 MOS 晶体管分成 2 段，变成 2 个 $W/L=200/1$ 的晶体管。一旦应用后需要考虑两个晶体管源漏区是否镜像对称，是否有同向性。如图 2.20（b）展现了镜像对称，而图 2.20（c）中左右不对称，在离子注入时为避免沟道效应，注入倾斜 7°左右，这样栅极多晶硅会阻挡一部分离子，形成阴影区，退火后使源漏边缘扩散产生了细微的不对称，如图 2.21 所示，造成不匹配。

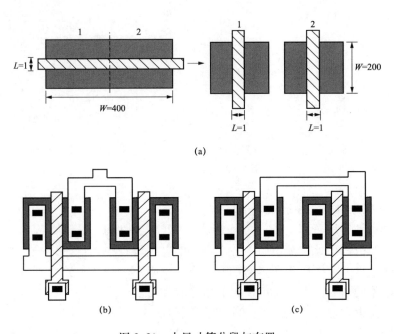

图 2.20　大尺寸管分段与布置
（a）大尺寸拆小尺寸晶体管；（b）MOS 管镜像对称布置；（c）MOS 管不对称布置

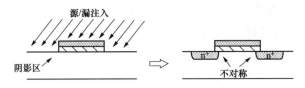

图 2.21　由注入倾斜造成的栅阴影区

（2）源漏共享，匹配设计：如进一步拆分 $W/L=400/1$ 的 MOS 晶体管，分成 8 段，变成 8 个 $W/L=50/1$ 的晶体管，可将 8 个小尺寸 MOS 管并联成大尺寸 MOS 管。为了获得共中心结构，采用中心轴对称使晶体管匹配，可把晶体管布置成如图 2.22（a）所示。采用源漏共享的方式整合拆分管得到图 2.22（b）的整合体。并联后连接源和漏的金属线形成"叉指"结构。

对于模拟集成电路，由于节点电容的大小对电路的动态性能有很大的影响，因此可采用并联晶体管结构，并联管数为 N，并联管的宽长比等于大尺寸管宽长比的 $1/N$。MOS 管在同样宽长比的情况下，由于采用共用源漏区的结构，大大减小了源漏区总面积，因此也就减小了节点电容，同时减小了 MOS 器件源漏极的 PN 结电容，有利用改善电路的动态特性。

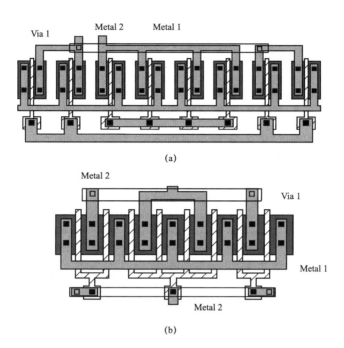

图 2.22　MOS 晶体管版图
(a) 大尺寸拆小尺寸晶体管；(b) 源漏共享整合体

【例 2.3】　请画出图 2.23 电路的版图结构。

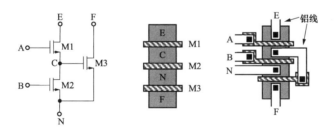

图 2.23　例 2.3 用图
(a) 电路图；(b) 版图；(c) 完整的版图

解： M1 和 M2 共用了 S/D 结，以 C 为节点。M2 和 M3 也共用端口，以 N 为节点，三个晶体管连接成图 2.23 (b)，版图结构如图 2.23 (c) 所示。注意 M3 的多晶栅不能直接连接到 M1 的源端，需要金属互联。

【例 2.4】　串联与并联的 MOS 管版图结构。

(1) MOS 管的串联。

(2) MOS 管的并联。

串联和并联的 MOS 管在版图上比较相似，必须予以正确区分。最明显的特点就是：并联的 MOS 管的源、漏扩散区最终只能分离成两个结点。而对于串联 MOS 管，作为源、漏共用的扩散区却是单独存在的一个结点。

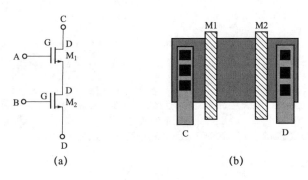

图 2.24　串联 MOS 晶体管

(a) 串联 MOS 管电路图；(b) 串联 MOS 管版图

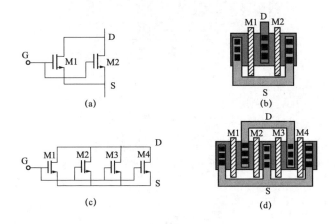

图 2.25　并联 MOS 晶体管

(a) 双管并联 MOS 管电路图；(b) 双管并联 MOS 管版图；(c) 四管并联 MOS 管电路图；(d) 四管并联 MOS 管版图

 巩固与提高

采用叉指结构设计一个 $W/L=200/1$ 的 NMOS 管的版图结构，如图 2.26 所示。

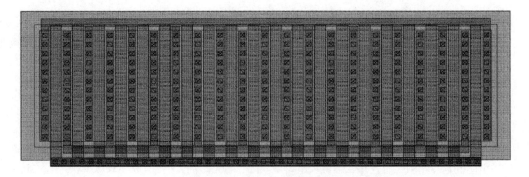

图 2.26　叉指结构 NMOS 管版图

任务二　无源器件分析与设计

 任务要求

1. 了解电阻分类和基本结构
2. 掌握电阻版图设计方法
3. 电阻匹配规则
4. 了解电容分类和基本结构、原理
5. 掌握电容版图设计方法和应用

子任务1　电阻（Resistors）分析与设计

电阻是基本的无源器件（Passive Components），在集成工艺技术中有多种设计与制造电阻的方法，根据阻值和精度的需要可以选择不同的电阻结构和形状。

相关知识

1. 半导体电阻类型

（1）掺杂电阻。掺杂电阻就是利用热扩散技术和离子注入技术制造半导体电阻，所以可分为扩散电阻和离子注入电阻。其中扩散电阻是指采用热扩散掺杂的方式构造而成的电阻。这是最常用的电阻之一，工艺简单且兼容性好，缺点是精度低。

制造扩散电阻的掺杂工艺可采用热扩散掺杂过程，可以掺N型杂质，也可以是P型杂质，还可以是结构性的扩散电阻。例如在两层掺杂区之间的中间掺杂层，典型的结构是N-P-N结构中的P型区，这种电阻又称为沟道电阻。当然，应该选择易于控制浓度误差的杂质层做电阻，保证扩散电阻的精度。图2.27是一个扩散电阻的结构示意图。这种电阻的薄层电阻值范围为10~100Ω/□。源/漏扩散区是集成电路的一个导电层，这和用它来做电阻是互相矛盾的。扩散电阻的电压系数为50×

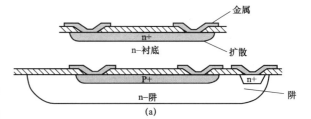
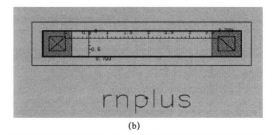
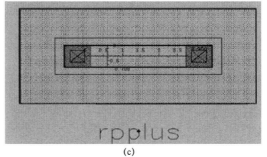

图2.27　扩散电阻（Diffused Resistors）
(a) 剖面图；(b) n扩散电阻版图（视频-rnplus）；
(c) P扩散电阻版图（视频-rpplus）

$10^{-6} \sim 300 \times 10^{-6}/\mathrm{V}$。这种电阻对地的寄生电容也与电压有关。

同样采用掺杂工艺的离子注入电阻，由于离子注入工艺可以精确地控制掺杂浓度和注入的深度，并且横向扩散小，因此，采用离子注入方式形成的电阻的阻值容易控制，精度较高。离子注入的电阻结构如图 2.28 所示。实际的薄层电阻电压系数较大，寄生参数也与电压有关，并且和其他电阻一样，在芯片封装厚，由于不均匀的残余应变引起的压阻效应会使电阻值产生误差。

图 2.28　离子注入形成的版图（Imp Resistors）

（2）阱电阻。

图 2.29 是阱电阻结构示意图，首先在 P 型衬底上制作 n 阱，然后在 n 阱的两端通过 n^+ 接触区引出金属线即可形成 n 阱电阻，其电阻体为 n 阱本身。n 阱电阻的方块电阻值较大，典型值为数千欧/□。n 阱电阻误差大，电压温度系数较大，且和 P 型衬底寄生电容大，并与电压有关，所以该电阻用作精度要求不高的大电阻，如 PAD 上拉/下拉电阻或者作为输入端的保护电阻。

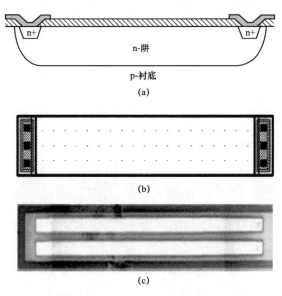

图 2.29　阱电阻结构示意图
（a）剖面图；（b）n-阱电阻版图（视频-rnwell）；（c）照片实物图

（3）多晶硅薄膜电阻（视频-rnpoly1，rpoly2，rppoly1）。

掺杂多晶硅薄膜也是一个很好的电阻材料，如图 2.30 所示。由于它是生长在二氧化硅层之上，电阻四周都是厚氧化层，不存在对衬底的导通。因此，不存在对衬底的漏电问题，当然也不必考虑它的端头电位问题。它仍然存在寄生电容，但其性质与 PN 结电容不同，其电容很小且与电压无关。如果将它做在场氧化层之上，则可极大地降低分布电容。多晶硅电阻另一优点，可用加电流或激光的方法烧断连接链来修正电阻值。多晶硅电阻的方块电阻绝对误差和相对误差都很小，温度系数取决于掺杂类型和浓度，典型值为 $+0.1\%/^{\circ}\mathrm{C}$（$\mathrm{P}^+$ 掺杂），$-0.1\%/^{\circ}\mathrm{C}$（$\mathrm{n}^+$ 掺杂）。与其他电阻相比，其电压系数较小，一次系数为零。

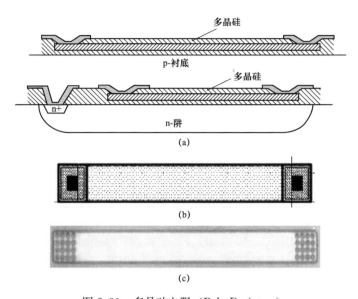

图 2.30 多晶硅电阻（Poly Resistors）

(a) 剖面图；(b) 多晶硅电阻版图；(c) 照片实物图

多晶硅薄膜电阻的几何图形设计与电阻值的计算与上面介绍的掺杂电阻相同。

（4）合金薄膜电阻。

合金薄膜电阻是采用一些合金材料沉积在二氧化硅表面上，通过光刻形成电阻条。常用的合金材料有：Ta，方块电阻：$10 \sim 10000\Omega/\square$；Ni‑Cr，方块电阻：$40 \sim 400\Omega/\square$；$SnO_2$，方块电阻：$80 \sim 4000\Omega/\square$；CrSiO，方块电阻：$30 \sim 2500\Omega/\square$。

合金薄膜电阻通过修正可以使其绝对值公差精度达到 $1\% \sim 0.01\%$。主要的修正方法有氧化、退火和激光修正。

不同类型电阻的特征参数表现出明显的差异，见表 2.1。选择电阻首先从成本入手，根据合适的方块电阻从各类可选范围内确定精度高且温度系数小的电阻结构类型。如单一电阻无法满足要求，可采用不同类型电阻构成复合电阻结构，通过调节比例成分，对等效电阻的温度系数进行调配和控制。

表 2.1　　　　　　　　　　　　　　不同电阻参数的典型范围

电阻类型	方块电阻（$\Omega/\square$）	精度	温度系数（$\times 10^{-6}/\text{℃}$）	电压系数（$\times 10^{-6}/\text{V}$）
N^+扩散	$30 \sim 50$	$20\% \sim 40\%$	$200k \sim 1k$	$50 \sim 300$
P^+扩散	$50 \sim 150$	$20\% \sim 40\%$	$200k \sim 1k$	$50 \sim 300$
N阱	$2k \sim 4k$	$15\% \sim 30\%$	$5k \sim 8k$	$10k$
P阱	$2k \sim 4k$	$15\% \sim 30\%$	$5k$	$10k$
低阻多晶	$15 \sim 20$	$25\% \sim 40\%$	$500k \sim 1.5k$	$20 \sim 200$
高阻多晶	$1k \sim 4k$	$10\% \sim 25\%$	$-3k \sim -5k$	$-500 \sim -5000$

2. 半导体电阻的几何图形设计

电阻的几何图形设计包括几何形状的设计和尺寸的设计两个主要方面。

（1）形状设计。前面电阻只是一个简单的电阻图形，实际的电阻图形形式是多种多样的，图 2.31 给出了一些常用的扩散电阻的版图形式。

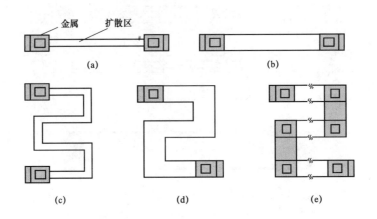

图 2.31　常用的扩散电阻图形
(a) 窄形直条电阻；(b) 宽形直条电阻；(c) 窄形折弯电阻；
(d) 宽形折弯电阻；(e) 串联电阻

图 2.31（b）、(d)、(e) 为宽条电阻，图 2.31（a）、(c) 为窄条电阻；图 2.31（a）、(b) 为直条电阻；图 2.31（c）～（e）为折弯电阻；有的是连续的扩散图形，如图 2.31（a）～（d）所示；有的是用若干直条电阻由金属条串联而成，如图 2.31（e）所示。那么，在设计中根据什么来选择电阻的形状呢？

基本的依据：一般电阻采用窄条结构，精度要求高的采用宽条结构；小电阻采用直条形，大电阻采用折弯形。

因为在电阻的制作过程中，由于工艺误差，如扩散过程中的横向扩散、制版和光刻过程中的图形宽度误差等，都会使电阻的实际尺寸偏离设计尺寸，导致电阻值的误差。电阻条的宽度 W 越宽，相对误差 $\Delta W/W$ 越小，反之则越大。与宽度相比，长度的相对误差则可忽略。因此，对于有精度要求的电阻，要选择合适的宽度。

为避免光刻工艺中细长图形的变形，同时考虑到版图布局等因素，对于高阻值的电阻通常采用折弯形的几何图形结构。

（2）电阻图形尺寸的计算。如图 2.32 所示，半导体块电阻

$$R = \rho \frac{L}{A}(\Omega) \tag{2.33}$$

$$A = WT$$

面积 A 和电流方向平行垂直。根据式（2.33）可以写成

$$R = \frac{\rho L}{WT}(\Omega) \tag{2.34}$$

通常 ρ 和 T 是由工艺和材料特性决定的，它们的比值用 $R_\square$（$\Omega/\square$）来表示，L/W 为方块数，得到下式。

$$R = \left(\frac{\rho}{T}\right)\frac{L}{W} = R_\square \frac{L}{W}(\Omega) \tag{2.35}$$

其中，$R_\square$ 是掺杂半导体薄层的方块电阻，这个参数非常重要，可通过集成电路工艺手册来获得。L 是电阻条的长度，W 是电阻条的宽度，L/W 是电阻所对应的图形的方块数。

因此，只要知道掺杂区的方块电阻，然后根据所需电阻的大小计算出需要多少方块，再根据精度要求确定电阻条的宽度，就能够得到电阻条的长度。

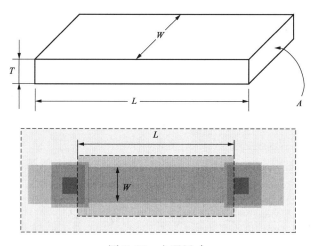

图 2.32　电阻尺寸

因此根据电路中对电阻大小的要求，可以非常方便地进行设计，所需的参数是工艺提供的各掺杂区的方块电阻值，一旦选中了掺杂区的类型，可以依据式（2.35）计算电阻大小。

【例 2.5】　计算电阻大小。

考虑一个如图 2.33 所示的多晶硅电阻，$W=5\ \mu m$ 和 $L=20\ \mu m$，计算 $R_\square$（$\Omega/\square$），电阻方块数和电阻大小。假设多晶硅电阻的 ρ 为 $9\times10^{-4}\ \Omega\cdot cm$，多晶硅电阻厚度为 3000Å，忽视连接孔电阻。

解： 首先计算 $R_\square$

$R_\square=\rho/T=9\times10^{-4}\ \Omega\cdot cm/3000\times10^{-8}cm=30\Omega/\square$

电阻的方块数 $N=L/W=20\ \mu m/5\ \mu m=4$

总电阻 $R=R_\square\times N=30\times4=120$（$\Omega$）

如上述电阻不忽略连接孔电阻，则接触孔电阻 R_{CONT} 需要加上，如 R_{CONT} 为 $2\ \Omega$，则总电阻 $R=2R_{CONT}+R_\square\times N=4+30\times4=124$（$\Omega$）

这样的计算实际上是很粗糙的，因为在计算中并没有考虑电阻的形状对实际电阻值的影响，在实际的设计中将根据具体的图形形状对计算加以修正，通常的修正包括端头修正和拐角修正。

（3）端头修正和拐角修正。因为电子总是从电阻最小的地方流动，因此，流入的电流将绝大部分是从引线孔正对着电阻条的一边流入的，侧面和背面流入的电流极少。因此，在计算端头处的电阻值

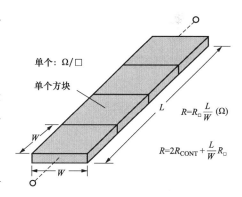

图 2.33　电阻模型

时需要修正，称为端头修正。端头修正常采用经验数据，以端头修正因子 k_1 表示整个端头对总电阻方块数的贡献。例如 $k_1=0.5$，表示整个端头对总电阻的贡献相当于 0.5 方。图 2.34 给出了不同电阻条宽和端头形状的修正因子经验数据，图中的虚线是端头的内边界，

它的尺寸通常为几何设计规则中扩散区对孔的覆盖数值。对于大电阻 $L \gg W$ 的情况，端头对电阻的贡献可以忽略不计。

　　折弯形状的电阻，通常每一直条的宽度都是相同的，拐角处的正方形，不能作为一个电阻方来计算，因为在拐角处的电流密度是不均匀的，内角处的电流密度大，外角处的电流密度小。所以根据经验数据，拐角对电阻的贡献只有 0.5 方，即拐角修正因子 $k_2 = 0.5$。

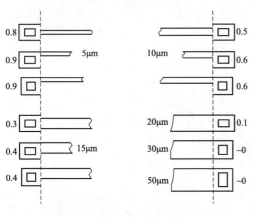

图 2.34　各电阻条宽及端头
修正因子

　　当采用图 2.31 中（e）图结构时，由于不存在拐角并且电阻条比较宽，所以这种结构的电阻精度比较高。但缺点是这种电阻占用的面积比较大，会产生较大的分布参数。

　　（4）衬底电位与分布电容。由于电阻的衬底是和电阻材料掺杂类型相反的半导体，即如果电阻是 P 型半导体，衬底就是 N 型半导体，反之亦然。电阻区和衬底就形成了 PN 结，为防止 PN 结导通，通常衬底接低电位。以此保证 PN 结不能处于正偏状态。通常将 P 型衬底接电路中最低电位，N 型衬底接最高电位，这样，最坏工作情况是电阻只有一端处于零偏置，其余点都处于反偏置。

　　由于 PN 结的存在，又导致了掺杂电阻存在寄生效应：寄生电容。任何的 PN 结都存在结电容，电阻的衬底又通常都是处于交流零电位，使得电阻对交流地存在旁路电容。如果将电阻的一端接地，并假设寄生电容沿电阻均匀分布，则电阻幅模的－3db 带宽近似为

$$f \approx \frac{1}{3RC} = \frac{1}{3R_\square C_0 L^2} \tag{2.36}$$

式中　$R_\square$——电阻区的掺杂层方块电阻；

　　　　C_0——单位面积电容；

　　　　L——电阻的长度。

　3. 电阻的匹配规则

　　由于工艺原因大部分集成电阻都有 $\pm 20\% \sim 30\%$ 的误差，为降低误差，提高精度，需要器件匹配设计。模拟集成电路的精度与性能一般依靠匹配获得，但是许多因素都会影响匹配，包括尺寸偏差、掺杂偏差、氧化层厚度偏差、工艺偏差、电流流动不均匀、机械应力和温度梯度等。电阻匹配性对电阻的版图设计很重要，要按照一定的匹配规则来得到匹配度高、精度高的实际电阻。

　　电阻匹配规则主要包含以下几点：

　　（1）如不需要大功率耗散，尽量使用多晶硅电阻，因为其工艺和温度稳定性最高。

　　（2）精度要求高的电阻，采用较宽的尺寸，同时调整长度保持方块数不变。

　　（3）对于大电阻，要分成较短的电阻单位，平行放置并串联在一起，如图 2.35 所示。

　　（4）匹配电阻采用同种材料制成。

　　（5）匹配电阻采用相同的宽度，以避免系统失配。

　　（6）匹配电阻尽量使用相同的电阻图形，以避免拐角和端部效应对电阻的影响。

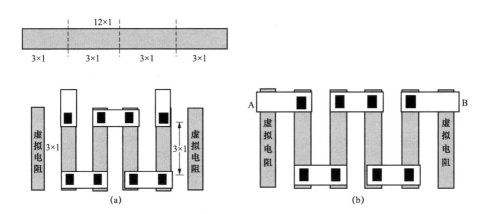

图 2.35　匹配电阻版图

(a) 拆分大电阻；(b) 高阻电阻版图

（7）匹配电阻尽量沿同一方向摆放，并尽可能靠近，以避免扩散工艺中引起的失配。

（8）陈列化的电阻采用叉指结构来提高匹配度。如图 2.36 所示，两个电阻 R_1 和 R_2 需要高精度匹配，可将两个电阻分别拆分为偶数分段或奇数分段，偶数分段能抑制热电效应，优于奇数分段。然后采用叉指分布连接，叉指分布能产生共质心版图，从而提高匹配度。

（9）为保证光刻和刻蚀工艺过程中阵列化电阻周围环境一致，需要在阵列化电阻的两侧设置虚拟电阻（Dummy）。如图 2.36 所示，虚拟电阻和阵列化电阻在材料、图形上都相同，主要是保证阵列化电阻周围环境一致，提高光刻和刻蚀的一致性。虚拟电阻和阵列电阻的间距与阵列电阻之间的距离相同，同时防止虚拟电阻静电荷积累，要将其两端接地或低阻节点。

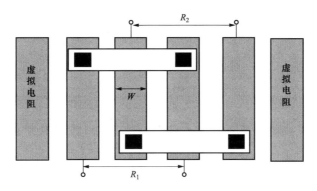

图 2.36　两个匹配电阻的版图设计

（10）匹配的电阻尽量放置在低应力区，远离功率器件，尽量降低电阻功耗。

为了实现高阻值电阻，通常相同阻值的电阻单元并排放置，然后串联在一起。为了防止拐角应力影响，避免拐角局部电阻增大，在设计电阻版图时，避免采用"蛇形"的拐弯模式，而应采用金属连接方式进行电阻串联。另外，为了提高电阻的精度，通常要在阵列化电阻的边缘添加适当的虚拟电阻（Dummy），保持电阻周围的电磁环境对称。图 2.35（b）为高阻电阻结构，A、B 两端之间电阻串联的版图结构。

子任务二　电容（Capacitors）分析与设计

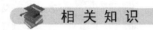
相关知识

1. 集成电容类型

在模拟集成电路中，电容也是一个重要的元件。在双极型模拟集成电路中，集成电容器运用得较少。在 MOS 集成电路中，由于工艺上制造集成电容相对比较容易，并且容易与 MOS 器件相匹配，集成电容用得较多。在 MOS 模拟集成电路中的电容大多采用 MOS 结构或其相似结构。在 CMOS 电路中大多数采用 SiO_2 作为介质，但有些工艺也会用 SiO_2/Si_3N_4 夹层介质，利用 Si_3N_4 较高的介电常数特性来制作较大的电容。

电容的比例精度主要取决于它们的面积比，集成电路中主要的电容类型：

（1）PN 结电容（用 PN 结构成的电容，具有大的电压系数和非线性）不常用。

（2）MOS 电容（主要应用金属栅工艺温度系数 $TC=25\times10^{-6}/℃$，电容误差为 $\pm15\%$，电压系数为 $25\times10^{-6}/V$），这是一种与电压相关的电容。

（3）多晶硅与体硅之间的电容。

在 MOS 模拟集成电路中广泛使用的 MOS 电容器结构是：以金属或重掺杂的多晶硅作为电容的上极板，二氧化硅为介质，重掺杂扩散区为下极板。

（1）以金属作为上极板得 MOS 电容器结构。如图 2.37 所示，由于其衬底需要接固定电位以保证 N+和 P-Si 衬底构成 PN 结反偏，MOS 电容器可被认为是无极性电容器，但和衬底间存在 PN 结寄生电容（$15\%\sim30\%$）。

图 2.38 是以多晶硅作为电容上极板的结构。这两种结构的 MOS 电容器都是以重掺杂的 N 型硅作为下极板，与电阻的衬底情况相似，这里的 P 型硅衬底也必须接一定的电位，以保证 N+和 P 衬底构成的 PN 结保持反偏。

（2）以多晶硅作为下极板的 MOS 电容器。以多晶硅作为电容器下极板所构造的 MOS 电容器是无极性电容器。这种电容器通常位于场区，多晶硅下极板与衬底之间的寄生电容比较小。图 2.39 给出了两种以多晶硅作为下极板的电容器的结构。多晶硅 2 的面积可以小于薄热氧化层面积，从而只有较小的寄生电容（厚氧电容），由于双层多晶硅电容具有性能稳定、寄生电容小等优点，因此在 MOS 集成电路中有着广泛地应用。

2. 电容的计算

集成电容主要也是通过工艺的方法实现，如图 2.40 所示为电容版图示意图，MOS 电容器电容量的大小除了和电容器的面积有关外，还直接与单位面积的电容，即两个极板之间氧化层的厚度有关。可以用下式计算：

$$C_{ox}=\frac{\varepsilon_0\varepsilon_{SiO_2}}{t_{ox}} \tag{2.37}$$

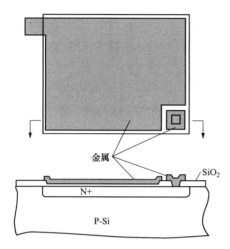

图 2.37　金属上极板 MOS 电容器结构

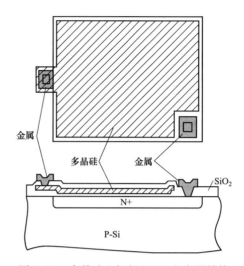

图 2.38　多晶硅上极板 MOS 电容器结构

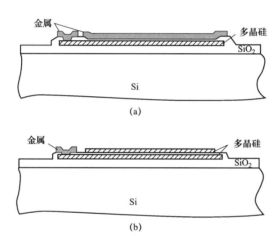

(a)

(b)

图 2.39　以多晶硅为下极板的 MOS 电容器结构

（a）以金属作为电容器的上极板的结构；（b）以多晶硅作为上极板的电容器结构

$$C = C_{ox}A = \frac{\varepsilon_0 \varepsilon_{SiO_2}}{t_{ox}}A \qquad (2.38)$$

真空介电常数 $\varepsilon_0 = 8.85 \times 10^{-14}$ F·cm^2，ε_{SiO_2} 是二氧化硅的相对介电常数，约等于 3.9，两者乘积为 3.45×10^{-13} F/cm，$A = W \times L$ 为电容的面积，如果极板间氧化层的厚度为 80nm（0.08 μm），可以算出单位面积电容量为 4.3×10^{-4} pF/μm^2，也就是说，一个 10000 μm^2 的电容器的电容只有 4.3pF。

3. 电容版图（Capacitor Layout）（视频 - CPIP）

电容根据工艺要求和特定的应用能用在不同的方面。这里展现两种电容版图结构如图 2.41 所示，如图 2.41（a）所示为双层多晶硅电容（PIP），第二

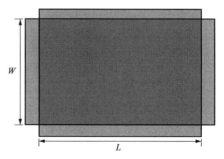

图 2.40　电容版图

层多晶硅层的边界完全在第一层多晶硅层内，顶端的连接孔做在第二层多晶硅中间。图2.41（b）为其版图结构。这种方法能有效地减小顶部的寄生电容。图2.41（c）和（d）顶部平坦的电容是二层金属层，底部由一层或三层金属构成（MIM）。图2.41（e）和（f）为MOS电容将D、S、B接在一起，利用G和S间形成的电容，主要作为补偿和旁路电容。其他还有多晶硅覆盖扩散区（PIS）、金属覆盖多晶硅（MIP）等。

以上各种结构的电容，随工艺变化的范围不同，对于MIM电容其误差高达20％，而栅氧电容的误差一般可控制在5％以内。

至于采用何种结构进行电路设计，主要由下面两个因素决定：

（1）电容所占的面积。

（2）底层极板寄生电容C_p和极板间电容C的比值C_p/C。

当然对于精确要求的电容，必须考虑边缘电容的影响。这类可从工作手册中查到。

4. 电容匹配规则

集成电容同集成电阻一样，也存在误差，所以也要匹配设计得当才能得到高精度、高性能的集成电容。集成电容匹配规则如下：

（1）匹配电容图形要尽量相同。由于平板电容边缘也存在电场，使得不同图形电容无法精确匹配，所以设计的电容图形要尽量相同，每个电容会由子电容或单位电容构成，通过相同的子电容或单位电容的图形来实现不同尺寸电容的匹配。

（2）实现精确匹配电容的尺寸用正方形结构。为避免工艺偏差、边缘效应，外围变化引起失配，选择周长面积比小的图案，电容的匹配精度越高。矩形图形中，正方形的周长面积比最小，因此可获得好的匹配性。如2个等值相同的电容，可以用相同形状的电容绘制正方形。如电容值不是简单比例，可采用匹配子电容或单位电容阵列。

（3）匹配电容的大小适当，邻近摆放。为不影响匹配，需要寻找电容最佳尺寸。如超过尺寸范围，电容可划分多个单位电容，利用交叉耦合减小梯度影响，改善电容整体的匹配性。涉及多个电容时，要放置在尽可能小的矩形阵列里，保证相邻行列间距，降低失配。

（4）用阵列结构拆分大电容，采用共质心布局，实现对称性，周围并设置虚拟电容（Dummy）。

设计两个匹配电容，$C_2 = 8C_1$，C_1为单位电容，C_2进行拆分，周围设置虚拟电容实现匹配。如图2.42所示，电容C_1在图形正中心，电容C_1四周为C_2（图2.42中虚线连接），面积为$8C_1$，C_2四周为虚拟电容，虚拟电容的面积为$16C_1$。虚拟电容的存在保证了电容C_1和C_2周围环境的一致，但增大了版图的面积。

（5）精确匹配电容要进行静电屏蔽，如果没有静电屏蔽，电容上方不布线。

静电屏蔽即在电容外侧用金属或其他材料覆盖，并对材料进行连接，以此避免静电干扰，屏蔽电容耦合。

（6）匹配电容放置低应力以远离功率器件。

5. 电容的放大——密勒效应

电路设计时，可将电容接在放大器输入和输出端之间，而密勒效应将使等效的输入电容放大，如图2.43所示。

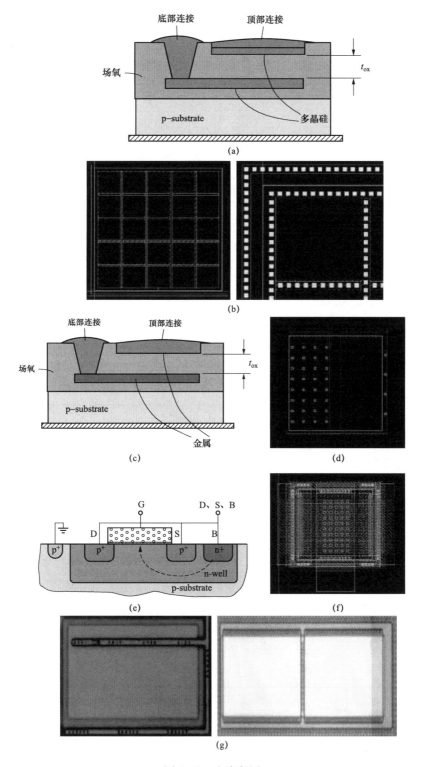

图 2.41 电容版图

(a) PIP 电容剖面图；(b) PIP 电容版图；(c) MIM 电容剖面图；(d) MIM 电容版图；
(e) MOS 电容剖面图；(f) MOS 电容版图；(g) 实物图

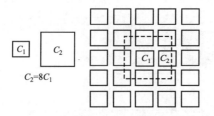
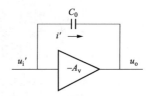

图 2.42　设置虚拟电容实现匹配　　　图 2.43　电容放大的密勒效应

假设电容 C_0 连接在电压增益 A_v 的倒相放大器输入和输出端，则

$$i = \frac{v_i - v_0}{1/jwC_0} = \frac{v_i - (-A_v \cdot v_i)}{1/jwC_0} = v_i \cdot jwC_0(1 + A_v) \qquad (2.39)$$

等效的输入阻抗就等于：

$$\frac{v_i}{i} = \frac{1}{jw(1 + A_v)C_0} \qquad (2.40)$$

所以等效的输入电容被放大了 $1 + A_v$ 倍。

在实际的电路设计中常利用这种效应来减小版图上的电容尺寸。

CMOS 电容各电学特性见表 2.2。

表 2.2　　　　　　　　　　　**CMOS 电容工艺参数**

类型	T_{ox}（nm）	精度	温度系数（$\times 10^{-6}/℃$）	电压系数（$\times 10^{-6}/V$）
多晶硅 - 扩散	15～20	7%～14%	20～50	60～300
多晶硅 - 多晶硅	15～25	6%～12%	20～50	40～200
金属 - 多晶硅	500～700	6%～12%	50～100	40～200
金属 - 扩散	1200～1400	6%～12%	50～100	60～300
金属 - 金属	800～1200	6%～12%	50～100	40～200

 项 目 小 结

本项目分析了基本器件的结构和设计方法，是下面进行具体电路分析的基础。详细分析了 MOS 管的电学特性、二阶模型、器件模型和版图设计。同时对无源器件电阻、电容等结构、版图设计方法进行了介绍。

 巩固与提高

2.1　按比例画出一个增强型 NMOS 器件的输出特性曲线，$V_{TH} = 1.2V$，$\mu_n C_{OX} = 50\mu A/V^2$，$V_{GS} = 8V$ 时 $I_D = 500\mu A$ 并达到饱和。选择 $V_{GS} = 1、2、3、4、5、6V$。设沟道调制系数为零。

2.2　按比例画出一个增强型 PMOS 器件的输出特性曲线，$V_{TH}=1.2V$，$\mu_n C_{OX}=50\mu A/V^2$，$V_{GS}=8V$ 时 $I_D=-500\mu A$ 并达到饱和。选择 $V_{GS}=-1$、-2、-3、-4、-5、$-6V$。将设沟道调制系数为零。

2.3　$W/L=20/1$，假设 $|V_{DS}|=3V$，当 $|V_{GS}|$ 从 0 上升到 3V 时，画出 NFET 和 PFET 的漏电流随 V_{GS} 变化的曲线。

2.4　$V_{DD}=3V$，$W/L=50/0.5$，$|I_D|=1mA$，$\lambda=0.06$，$\mu_n C_{OX}=50\mu A/V^2$，$\mu_P=55\mu A/V^2$，$V_{TH}=1.2V$，计算 NMOS 和 PMOS 的跨导和输出阻抗，以及本征增益 $g_m r_o$。

2.5　导出用 I_D 和 W/L 表示的 $g_m r_o$ 表达式。画出以 L 为参数的 $g_m r_o \sim I_D$ 的曲线，注意 $\lambda \propto 1/L$。

2.6　分别画出 MOS 晶体管的 I_D-V_{GS} 曲线：（a）以 V_{DS} 作为参数；（b）以 V_{BS} 作为参数，并在特性曲线中标出夹断点。

2.7　已知 NMOS 器件工作在饱和区，如果：（a）I_D 恒定；（b）g_m 恒定，画出 W/L 对于 $V_{GS}-V_{TH}$ 的函数曲线。

2.8　已知 NMOS 器件工作于亚阈值区，n 为 1.5，求引起 I_D 变化一个数量级所需的 V_{GS} 的变化量。如果 $I_D=5\mu A$，求 g_m 的值。

2.9　给定以下多晶硅电阻如图 2.44 所示，$\rho=5\times10^{-4}\Omega\cdot cm$，计算电阻大小。电阻连接孔 $R_\square=60\Omega/\square$。

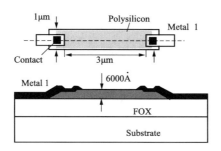

图 2.44　题 2.9 图

2.10　集成电路中的电容包括哪几种类型？

2.11　集成电阻包括哪些种类？

2.12　简述集成电路中电阻常用匹配规则。

2.13　简述集成电路中电容常用匹配规则。

项目三 电流镜设计

 学习目标

1. 掌握基本电流镜电路设计方法
2. 掌握共源共栅电流镜的设计方法
3. 掌握威尔逊电流镜的设计方法
4. 掌握电流镜版图设计方法

模拟集成电路中的恒流源电路包括电流偏置和电压偏置。偏置电路的作用是使 MOS 晶体管及其电路处于正常的工作状态，电流镜作为典型的电流偏置，提供了电路中相关支路的静态工作电流，电压偏置则提供了相关节点与地之间的静态工作电压。本项目中将详细分析电流镜的种类和性能，以及在电路中的相关应用。

任务一 基本电流镜分析与设计

 任 务 要 求

1. 掌握基本电流镜电路结构和基本原理分析方法
2. 能在 Cadence/Tanner 环境中设计基本电流镜的电路图并仿真验证
3. 能在 Cadence/Tanner 环境中设计基本电流镜的版图并仿真验证

 相 关 知 识

在模拟集成电路中电流偏置电路的基本形式是电流镜。电流镜是由两个或多个相互关联的电流支路组成的，各支路的电流依据一定的器件比例关系而生成。

作为提供静态电流偏置的电路，应具有恒流特性，不能因为输出节点的电位变化而使输出电流值发生变化，也就是不受电源、工艺、温度依赖性（即 PVT）的影响。电流镜包含 PMOS 构成的电流源（current source）和 NMOS 构成的电流沉（current sink），如图 3.1 所示。理想情况下，电流源和电流沉在大电压范围内产生一个固定电流，输出电流 I_o 无限大，由于管子处在饱和区，所以输出电压摆幅受到限制，这将会影响电流源/沉的最终性能。

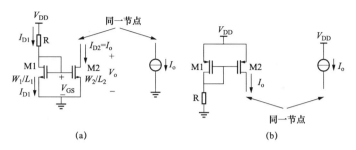

图 3.1 MOS 基本电流镜

(a) 电流沉；(b) 电流源

子任务 1 基本原理分析

1. NMOS 电流镜大信号分析

NMOS 基本电流镜由两个 NMOS 晶体管组成，如图 3.1（a）所示。因为两个 NMOS 晶体管的栅极连接在一起，同时源极也相连，所以，M1 和 M2 的 V_{GS} 具有相同的值。图 3.1（b）为 PMOS 晶体管组成的电流镜。

以图 3.1（a）为例，电路设计时，要求 M1 和 M2 都工作在饱和区。所以，参考支路的电流 I_r 和输出支路的电流 I_o 都是饱和区的电流方程。考虑到各器件是在同一工艺条件下制作的，不考虑沟道调制效应的情况，阈值电压 V_{TN} 相同。所以

$$\frac{I_o}{I_r} = \frac{\frac{1}{2}\mu_n C_{OX}(W/L)_2 \cdot (V_{GS} - V_{TN})^2}{\frac{1}{2}\mu_n C_{OX}(W/L)_1 \cdot (V_{GS} - V_{TN})^2} = \frac{(W/L)_2}{(W/L)_1} \tag{3.1}$$

即基本电流镜的输出电流与参考电流之比等于 NMOS 晶体管的宽长比之比。该电路的一个关键特性：它可以精确地复制电流而不受工艺和温度的影响。其比值由器件尺寸的比率决定，该值可以控制在合理的精度范围内。PMOS 晶体管组成的电流镜分析同 NMOS 电流镜。

【例 3.1】 在图 3.2 中，如果所有的晶体管都工作在饱和区，求 M4 的漏电流。

解：有 $I_{D2} = I_{REF}[(W/L)_2/(W/L)_1]$，同时 $|I_{D3}| = |I_{D2}|$ 且 $I_{D4} = I_{D3}[(W/L)_4/(W/L)_3]$。因此，$|I_{D4}| = \alpha\beta I_{REF}$，其中 $\alpha = (W/L)_2/(W/L)_1$，$\beta = (W/L)_4/(W/L)_3$。选择合适的 α 与 β，可以确定 I_{D4} 与 I_{REF} 之间或大或小的比例。例如，$\alpha = \beta = 5$ 产生一个等于 25 的放大因子。类似地，$\alpha = \beta = 0.2$ 可以用来产生一个小的精确电流。

如果有多个输出支路，如图 3.3 所示。

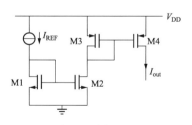

图 3.2 例 3.1 图

各支路电流的比值就等于各 NMOS 晶体管的宽长比之比。

$$I_r : I_{o1} : I_{o2} : I_{o3} : \cdots : I_{on} = \left(\frac{W}{L}\right)_r : \left(\frac{W}{L}\right)_1 : \left(\frac{W}{L}\right)_2 : \left(\frac{W}{L}\right)_3 : \cdots : \left(\frac{W}{L}\right)_n \tag{3.2}$$

由此，在一个模拟集成电路中由一个参考电流以及各成比例的 NMOS 晶体管就可以获得多个支路的电流偏置。

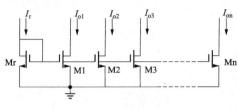

图 3.3　多支路比例电流镜

这种简单形式的比例电流镜中的参考支路 NMOS 管和输出支路的 NMOS 管所表现的是两个不同的 I-V 关系，如图 3.4 所示。

它们的 V_{GS} 值都是一样的，但 V_{DS} 却不一定相同。参考支路的 NMOS 管的 $V_{DS}=V_{GS}$，它遵循的是平方律的转移曲线，如图 3.4（a）所示；而输出支路的 NMOS 管却遵循的是图 3.4（b）所示的 I-V 关系，是 NMOS 晶体管的输出特性曲线簇中 $V_{GS}=V'$ 的那一根。显然，如果 NMOS 管的输出曲线是理想的情况，即在饱和区的曲线是水平的，则不论输出管的 V_{DS} 如何变化，它的输出电流都不会变化，输出交流电阻无穷大，即理想的恒流源。实际上，因为沟道长度调制效应的存在，曲线是上翘的，因此，当输出支路的 NMOS 管的 V_{DS} 变化时（例如，节点有交流电压输出时），输出电流也将跟着变化，即产生了误差。

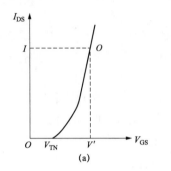
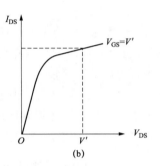

图 3.4　工作曲线

（a）参考支路；（b）输出支路

从项目二有关内容可以知道，如果沟道长度比较大，则沟道长度调制效应的影响较小。因此，可采用较长沟道器件作为输出支路的器件。但应注意，当沟道长度变长后，所占用的面积也将随之增加。同时，输出节点的电容将增大，将影响电路的动态性能，因此，沟道长度的选择要适度。

在模拟电路中，电流镜有着广泛地应用，在通常情况下大部分 MOS 模拟集成电路中的 MOS 晶体管，不论是工作管，还是负载管都工作在饱和区。图 3.5 描述了一个典型的例子，

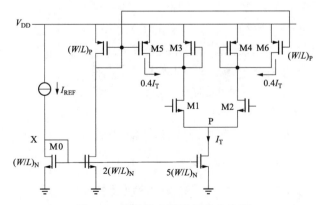

图 3.5　差动放大器偏置的电流镜

图中差动对的尾电流源通过一个 NMOS 镜像来偏置，负载电流源通过一个 PMOS 镜像来偏置。图示的器件尺寸使 M5 与 M6 的漏电流等于 $0.4I_T$，减小了 M3 与 M4 的漏电流，因此提高了增益。

由于在实际工艺制作 MOS 管时，其漏源区存在边缘扩散效应，为了减少由于源漏区边缘扩散（L_D）所产生的误差，这里把电流镜中的所有晶体管通常都采用相同的栅长。例如，在图 3.5 中，NMOS 电流源的沟道长度必须和 M0 相同，这是因为，假设 L_{drawn} 加倍，但是 $L_{eff}=L_{drawn}-2L_D$ 并未加倍。电流值之比只能通过调节晶体管的宽度来实现。因此改善 I_o 的恒流特性，实现真正意义上的电流源，原则上有两种方法：

（1）减小 M2 的沟道调制效应。

（2）假设 $V_{DS2}=V_{DS1}$，I_o 与 I_r 只与 M1、M2 的宽长比相关，从而得到具有很好恒流特性的电流源。

因为在小尺寸器件中沟道调制效应是不能消除的，因此可采用改变尺寸即第二种方法来改善恒流特性。另外，由于不同的体效应，使各自的 V_{TH} 不相等，电流也会产生偏差。

2. 小信号分析

电流镜主要作为各类放大电路的有源负载，所以其等效电阻将直接影响放大器的电压增益。如图 3.6 所示的电流镜，小信号等效电阻 r_{out} 定义为从输出电流支路端看进去的等效电阻。其小信号等效电路如图 3.6 所示，r_{ds} 是沟道长度调制效应引起的 MOS 管的等效输出电阻。

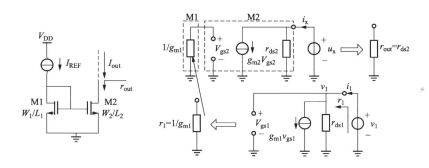

图 3.6 电流镜及其小信号等效电路

电流镜左边电路等效电阻 r_1。由于基准电流源 I_{REF} 作为理想电流源等效电阻无穷大，所以 M1 的小信号等效电路如图 3.6 下半部分所示。由于 M1 栅极和漏极短接，如果外加电压 v_1，对应电流 i_1，则

$$i_1 = v_1/r_{ds1} + g_{m1}v_1$$
$$i_1/v_1 = 1/r_{ds1} + g_{m1} \tag{3.3}$$

由于通常跨导 $g_{m1} \geqslant 1/r_{ds1}$，故 M1 的小信号等效电阻 $r_1 \approx 1/g_{m1}$，M1 的小信号等效电阻 $1/g_{m1}$ 代替 M1，可得上半部分等效电路图。此时 M2 的 $v_{gs2}=0$，因此，电流镜的等效电阻 $r_{out}=r_{ds2}$，即电流镜工作在饱和区时等效电阻为 M2 的输出电阻。

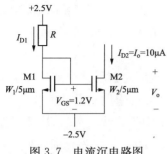

图 3.7 电流沉电路图

子任务 2 线路设计与验证

设计一个电流沉电路，使其抽取电流为 10 μA。估算其输出电阻和电流沉两端的最小电压，并用软件仿真设计电路。假定 $V_{DD} = -V_{SS} = 2.5\text{V}$，$\lambda = 0.06$，$V_{TH} = 0.83$，$\mu_n C_{ox} = 50\mu\text{A}/\text{V}^2$，图 3.7 是电流沉的电路图。这里取 $V_{GS} = 1.2\text{V}$，MOS 管沟道长度 L 取 5 μm。令 $I_{D1} = I_{D2} = 10\ \mu\text{A}$。

设计思路：根据电路图计算 R 和管子 W/L。根据管子处于饱和区的条件，算出最小电压差，由小信号电路分析得出电流镜等效输出电阻的大小。

$$R = \frac{V_{DD} - V_{GS} - V_{SS}}{I_{D1}} = \frac{2.5\text{V} - 1.2\text{V} - (-2.5\text{V})}{10\mu\text{A}} = 380\text{k}\Omega$$

由下式求得 M1 和 M2 的宽度：

$$I_{D2} = 10\mu\text{A} = \frac{\mu_n C_{ox}}{2} \frac{W}{L}(V_{GS} - V_{THN})^2 = \frac{50\ \mu\text{A}/\text{V}^2}{2} \frac{W}{5\ \mu\text{m}}(1.2\text{V} - 0.83\text{V})^2$$

解得 $W_1 = W_2 = 14.61$，取整为 15 μm。M2 管工作于饱和区的条件为 $V_{DS2} \geqslant V_{GS2} - V_{THN} = 1.2\text{V} - 0.83\text{V} = 0.37\text{V}$

只要 M2 管漏断电压等于或大于 -2.13V，M2 管即可工作在饱和区。当 MOS 管的 V_{GS} 取 1.2V，且 M2 管工作在饱和区时，其 V_{DS} 的最小电压差为 0.37V。输出电阻的近似值为

$$r_{ds} = \frac{1}{\lambda I_D} = \frac{1}{0.06 \times 10\ \mu\text{A}} = 1.67\text{MEG}$$

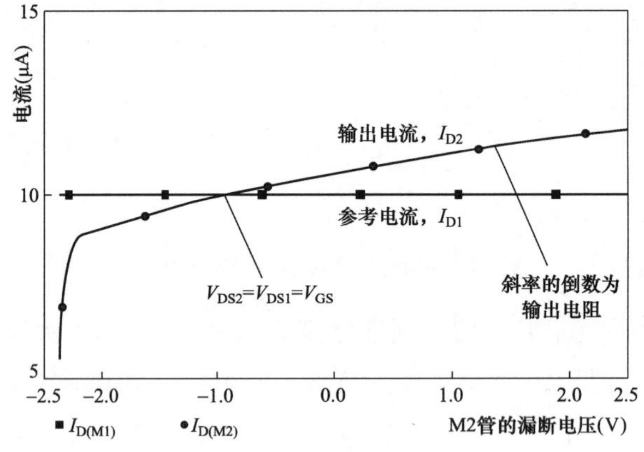

图 3.8 仿真结果

巩固与提高

3.1 设计如图四个抽取电流分别为 20、30、50μA 和 70μA 的电流沉。计算每个电流沉两端最小电压差是多少，并完成其版图设计。假定 $V_{DD} = -V_{SS} = 2.5\text{V}$。

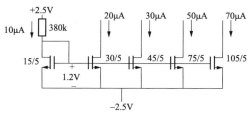

图 3.9 题 3.1 图

3.2 使用 m12_125 工艺模型文件，设计一个 1∶4 电流放大的电流沉电路。假设基准电流即 I_{REF} 为 10 μA，V_{DD} 为 5V 。（视频 - 基本恒流源电路）

子任务 3 版图设计与验证

相 关 知 识

在设计电流镜的版图时，必须考虑到横向扩散和氧化层蚀刻对 MOS 管沟道长度和沟道宽度的影响。横向扩散和氧化层蚀刻会导致 $(W_2L_1) / (W_1L_2)$ 比率偏差。图 3.10（a）给出了没有进行宽度校正的电流镜版图。宽度比值为 $W_2/W_1 = (W_{2drawn} - DW) / (W_{1drawn} - DW)$，显然，如果 $W_{2drawn} \neq W_{1drawn}$，$W_2/W_1$ 不是期望的比值，如图 3.10（b）所示可解决以上问题，图中 M2 管改由四个并行的 MOS 管构成。

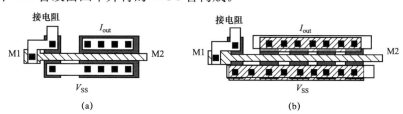

图 3.10 电流镜的版图设计
（a）没有进行宽度校正；（b）宽度校正的电流镜

1. 电流放大器的宽长比误差分析

图 3.11 所示 1∶4 电流镜版图，假设两个晶体管的长度相同，如果 $W_1 = (3 \pm 0.05) \mu m$，$W_2 = (12 \pm 0.05) \mu m$，求比例误差。

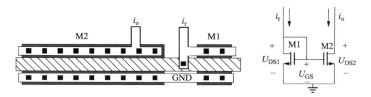

图 3.11 未采用 ΔW 修正的电流镜版图

解：电流放大器的增益为

$$\frac{i_o}{i_r} = \frac{W_2}{W_1} = \frac{12 \pm 0.05}{3 \pm 0.05} = 4 \pm 0.05$$

这里假设偏差的量取相同的符号，可以看出，这个比值误差几乎是所要求的电流比值或增益的 1.25%。

如果晶体管的所有其他尺寸都很好匹配，上面求出的误差是可以实现的，还可以采用适当的版图技术来解决误差问题，可以将 M1 晶体管复制五次以得到 1：5 的比值，这样 W_2 的偏差就需要乘以电流增益的倍数。下面采用这种方法重新分析上面的例题。

2. 减小电流放大器的宽长比误差

用图 3.12 的版图技术修正前面例题中电流镜误差，M1 和 M2 的实际宽度为

$$W_1 = 3 \pm 0.05 \ \mu m \qquad W_2 = 4 \times (3 \pm 0.05) \ \mu m$$

$$\frac{i_o}{i_r} = \frac{W_2}{W_1} = \frac{4 \times (3 \pm 0.05)}{3 \pm 0.05} = 4$$

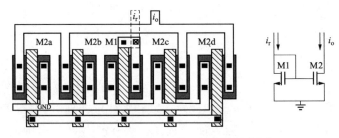

图 3.12　采用 ΔW 修正的电流镜版图

上面我们介绍了通过改进管子尺寸比来改进电路性能的方法。

3. 考虑电流镜匹配问题

当两个器件需要严格匹配时，应使它们尽可能对称摆放，且放置方向应该相同，图 3.13 所示放置方式是不对的，需要将严格匹配的两个器件分成几个平行器件，并用叉指方式布图，这样能把工艺参数的梯度变化分摊在两个器件上，从而使两个器件有良好的匹配。

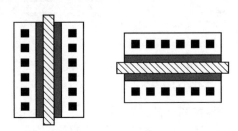

图 3.13　放置方向不同的两个 MOS 管

任务二　共源共栅电流镜

1. 掌握共源共栅电流镜（Cascode Current Sink）电路结构和基本原理分析方法
2. 能在 Cadence/Tanner 环境中设计电流镜电路图并仿真验证
3. 能在 Cadence/Tanner 环境中设计电流镜的版图并仿真验证

子任务 1　基本原理分析

1. NMOS 电流镜大信号分析

在前面基本电流镜的讨论中,忽略了沟道长度调制效应的影响。在实际中,这一效应使得镜像电流产生了极大的误差,尤其是当使用最小长度晶体管尤为明显。下面通过改变电路结构来减小误差,改善恒流性能的方法。如图 3.1 的简单镜像,考虑沟道调制效应可以写出:

$$I_{D1} = \frac{1}{2}\mu_n C_{OX} \left(\frac{W}{L}\right)_1 (V_{GS} - V_{TH})^2 (1 + \lambda V_{DS1}) \tag{3.4}$$

$$I_{D2} = \frac{1}{2}\mu_n C_{OX} \left(\frac{W}{L}\right)_2 (V_{GS} - V_{TH})^2 (1 + \lambda V_{DS2}) \tag{3.5}$$

因此有

$$\frac{I_{D2}}{I_{D1}} = \frac{(W/L)_2}{(W/L)_1} \frac{1 + \lambda V_{DS2}}{1 + \lambda V_{DS1}} \tag{3.6}$$

虽然 $V_{DS1} = V_{GS1} = V_{GS2}$,但由于 M_2 输出端负载的影响,V_{DS2} 却可能不等于 V_{GS2}。在图 3.13(a)中,P 点的电势由输入共模电平以及 M1 和 M2 的栅源电压决定,它可能不等于 V_X。

为了抑制沟道长度调制的影响,可以使用共源共栅电流源。如图 3.13(a)所示,如果选择 V_b 使得 $V_Y = V_X$,那么 I_{out} 非常近似于 I_{REF},从而有 $I_{D2} \approx I_{D1}$,且这是一个很精确的结果。这样一个精度电流的获得是以 M3 消耗的电压余度为代价的。注意,虽然 L_1 必须等于 L_2,M3 的长度却不需要等于 L_1 和 L_2。

那么如何产生图 3.14(a)中的 V_b 呢?首先,目标是为了确保 $V_Y = V_X$,必须保证 $V_b = V_{GS3} + V_X$。这一结果显示:如果在 V_X 上叠加一栅源电压,可以得到所需的 V_b 值。如图 3.14(b)所示,方法是将另一个二极管连接的器件 M0 与 M1 串联,从而产生一个电压 $V_N = V_{GS0} + V_X$。根据 M3 的尺寸适当选择 M0 的尺寸,使 $V_{GS0} = V_{GS3}$。如图 3.14(c)所示,将 N 结点与 M3 的栅相连,可得 $V_{GS0} + V_X = V_{GS3} + V_Y$。

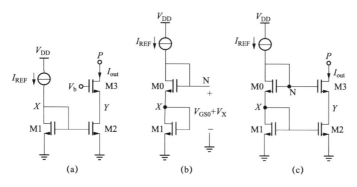

图 3.14　镜像电路

(a)共源共栅电流源;(b)产生共源共栅偏置电压对镜像电路的改进;(c)共源共栅电流镜

因此,如 $(W/L)_3 / (W/L)_0 = (W/L)_2 / (W/L)_1$,那么 $V_{GS0} = V_{GS3}$,$V_Y = V_X$。注意,即使 M0 与 M3 存在衬偏效应,该结果仍然成立,读者可自行证明。

由于共源共栅结构具有很高的输出阻抗,因此该电流源又称为高输出阻抗高精度的电流

源。主要缺点是损失了电压余度，忽略衬偏效应且假设所有的晶体管都是相同的，则 P 点所允许的最小电压等于

$$V_N - V_{TH} = V_{GS0} + V_{GS1} - V_{TH} = (V_{GS0} - V_{TH}) + (V_{GS1} - V_{TH}) + V_{TH}$$
$$= V_{eff0} + V_{eff1} + V_{TH} \tag{3.7}$$

也就是两个驱动电压加上一个阈值电压。

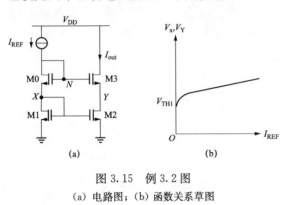

图 3.15　例 3.2 图

(a) 电路图；(b) 函数关系草图

【例 3.2】　在图 3.15 中，画出 V_Y 与 V_X 用 I_{REF} 表示的函数关系的草图。如果 I_{REF} 作为电流源工作，其两端的电压需要 0.3V，则 I_{REF} 的最大电流值是多少？

解： 因为 M2 和 M3 相对于 M1 和 M0 成一定的比例，有 $V_Y = V_X \approx \sqrt{2I_{REF}/[\mu_n C_{OX}(W/L)_1]} + V_{TH1}$，该特性画于图 3.15（b）中。

为了计算 I_{REF} 的最大值，可以得到

$$V_N = V_{GS0} + V_{GS1} = \sqrt{\frac{2I_{REF}}{\mu_n C_{OX}}}\left[\sqrt{\left(\frac{L}{W}\right)_0} + \sqrt{\left(\frac{L}{W}\right)_1}\right] + V_{TH0} + V_{TH1}$$

因此　　$V_{DD} - \sqrt{\dfrac{2I_{REF}}{\mu_n C_{OX}}}\left[\sqrt{\left(\dfrac{L}{W}\right)_0} + \sqrt{\left(\dfrac{L}{W}\right)_1}\right] - V_{TH0} - V_{TH1} = 0.3V$

从而　　$I_{REF,max} = \dfrac{\mu_n C_{OX}}{2} \dfrac{(V_{DD} - 0.3V - V_{TH0} - V_{TH1})^2}{(\sqrt{(L/W)_0} + \sqrt{(L/W)_1})^2}$

2. 小信号分析

共源共栅电流镜能得到高精度的输出电流外，还有很高的输出电阻，作为放大电路的负载能有效提高放大器的电压增益。如图 3.16 所示，（a）为电路图，（b）中输出电阻 r_{out} 的小信号等效电路，R_s 为源极负反馈电阻。

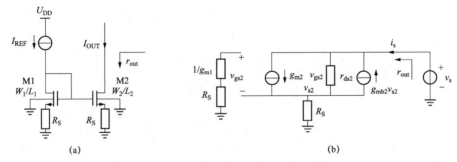

图 3.16　带源极负反馈电阻的电流镜

(a) 电路图；(b) 小信号等效电路

由于 $v_{gs2} = -v_{s2} = -i_x R_s$，流过 r_{ds2} 的电流是 $i_x + (g_{m2} + g_{mb2})i_x R_s$，将 r_{ds2} 和 R_s 上电压相加，即可得到

$$r_{ds2}[i_x + (g_{m2} + g_{mb2})i_x R_s] + i_x R_s = v_x \tag{3.8}$$

因此，可求得输出电阻 r_{out} 为

$$r_{out} = \frac{\upsilon_x}{i_x} = [1 + (g_{m2} + g_{mb2})r_{ds2}]R_s + r_{ds2} \tag{3.9}$$

通常情况下，$(g_{m2} + g_{mb2})r_{ds2} \geqslant 1$，所以式（3.9）简化为

$$r_{out} \approx (g_{m2} + g_{mb2})r_{ds2}R_s + r_{ds2} = [1 + (g_{m2} + g_{mb2})R_s]r_{ds2} \tag{3.10}$$

由式（3.10）可知，由于负反馈电阻 R_s 的存在，输出电阻 r_{out} 比原先增大了 $(g_{m2} + g_{mb2})R_s$ 倍。

考虑如图 3.14（c）所示共源共栅电流镜的输出电阻。由于 M2 等效电阻为 r_{ds2}，相当于图 3.15 中源极负反馈电阻 R_s，故根据式（3.10）的结论，从负载端 P 看进去等效输出电阻 r_{out} 为

$$r_{out} \approx [1 + (g_{m3} + g_{mb3})r_{ds2}]r_{ds3} \approx (g_{m3} + g_{mb3})r_{ds2}r_{ds3} \tag{3.11}$$

输出电阻增大到原来的 $(g_{m3} + g_{mb3})r_{ds2}$ 倍，这将有益于提高放大器的电压增益。可见，若想增大电流源/电流沉的输出电阻，只需要增加共源共栅连接的 MOS 管的数目，直到输出电阻满足设计期望为止，当然缺点也很明显，其两端电压的最小值，损耗电压余度会变大（即减小了输出摆幅）。

子任务 2　线路设计与验证

针对两级共源共栅连接的电流沉，使其抽取电流为 10μA。估算其输出电阻和电流沉两端的最小电压差，并用软件仿真设计的电路。假定 $V_{DD} = -V_{SS} = 2.5V$。

这里取 $V_{GS} = 1.2V$，MOS 管沟道长度 L 取 5μm。令 $I_{D1} = I_{D2} = 10\mu A$。

$$R = \frac{V_{DD} - 2V_{GS} - V_{SS}}{I_{D1}} = \frac{2.5V - 2.4V - (-2.5V)}{10\mu A} = 260k\Omega$$

由下式求得 M1 和 M2 的宽度：

$$I_{D2} = 10\mu A = \frac{\mu_n C_{ox}}{2}\frac{W}{L}(V_{GS} - V_{THN})^2 = \frac{50\mu A/V^2}{2}\frac{W}{5\mu m}(1.2V - 0.83V)^2$$

解得 $W_1 = W_2 = 14.61$，取整为 15μm，得宽长比为 15/5。要求出输出电阻 R_o，需要先求出 MOS 管的跨导：

$$g_m = \sqrt{2\mu_n C_{ox}\frac{W}{L}I_D} = \sqrt{2 \cdot 50\frac{\mu A}{V^2} \cdot 15/5 \cdot 10\mu A} = 55\frac{\mu A}{V}$$

单个 MOS 管的输出电阻为

$$r_{ds} = \frac{1}{\lambda I_D} = \frac{1}{0.06 \times 10\mu A} = 1.67MEG$$

因此，电流源的输出电阻为

$$R_o = g_m r_{ds}^2 = 55\frac{\mu A}{V}(1.67M\Omega)^2 = 152M\Omega$$

跨过电流源的最小电压为

$$2\Delta V + V_{THN} = 1.57V$$

两级共源共栅连接的电流沉和仿真结果如图 3.17 所示，通过和基本电流镜比较可知该结构输出电阻较大，同时体效应会使 M3 管和 M4 管的阈值电压变大，导致电流值低于所期望的 10 μA。

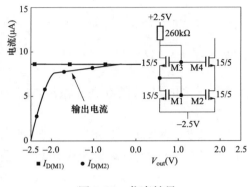

图 3.17　仿真结果

子任务 3　版图设计与验证（视频-共源共栅电流镜）

请完成图 3.18 所示电路的版图结构，并进行验证。

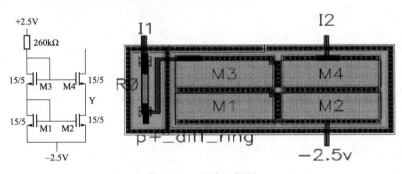

图 3.18　电路及版图

任务三　威 尔 逊 电 流 镜

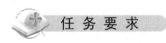

1. 掌握威尔逊电流镜（Wilson Current Mirror）电路结构和基本原理分析方法
2. 能在 Cadence/Tanner 环境中设计电流镜的电路图并仿真验证
3. 能在 Cadence/Tanner 环境中设计电流镜的版图并仿真验证

子任务 1　基本原理分析

一、大信号分析

NMOS 威尔逊电流镜的结构如图 3.19 所示。与 NMOS 基本电流镜相比，威尔逊电流镜的输出电阻较大，其恒流特性优于基本电流镜。提高输出电阻的基本原理是在 M1 的源极接由 M2 形成的串联电流负反馈电路。

在这个结构中，如果 M1 和 M2 的宽长比相同（其他的器件参数也相同），因为在其中流过的电流相同，则它们的 V_{GS} 相同，使 M3 的 $V_{DS} = 2V_{GS2}$，而 M2 的 $V_{DS2} = V_{GS2}$。由于 M2、M3 的源漏电压的差别受到限制，并保持一定的比例不变，使得 I_o 的变化受到 M2 的限制，减小了 M1 的 V_{DS1} 变化所产生的电流误差。

如果 M1 的宽长比大于 M2 的宽长比，电流相同的情况下，导电因子 K 大则所需的 V_{GS} 就比较小，这使得 M3 的 V_{DS3} 减小，进一步缩小了 M2 和 M3 的 V_{DS} 差别，使误差减小。

图 3.20 所示的是对威尔逊电流镜的改进结构。增加的 M4 晶体管使 M2、M3 的源漏电压相等。如果 M1 和 M2 的宽长比相同，从 M1、M4 的栅极到 M2、M3 的源极的压差为 $2V_{GS2}$，如果 M4、M3 相同，则 M4 的栅源电压就为 V_{GS2}，使 M3 管的源漏电压和 M2 管的源漏电压相同，都为 V_{GS2}。这样的改进使参考支路和输出支路的电流以一个几乎不变的比例存在。

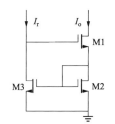 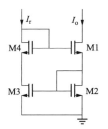

图 3.19　威尔逊电流镜　　　图 3.20　改进威尔逊电流镜

根据饱和萨氏方程，可得到 $I_o/I_R = (W/L)_2/(W/L)_1$，该结构很好地消除了沟道调制效应，是精确的比例电流源，而且只需四个 MOS 管就可实现，得到广泛地应用。这种结构也可用于亚阈值区作为精确的电流镜使用。

二、小信号分析

图 3.21 给出了威尔逊电流镜的电路图和小信号等效电路。图 3.20 中，由于 M1 管栅极接固定电压，$v_{gs1} = 0$，因此，M1 管只有电阻 r_{ds1} 出现在小信号等效电路中。由于 M3 管栅漏短接，压控电流源 $g_{m3}v_{gs3}$ 可等效为一个电阻 $1/g_{m3}$，从而可以得到下式：

$$v_{sb4} = v_{gs2} \tag{3.12}$$

$$v_{gs2} = i_t \left(r_{ds3} /\!/ \frac{1}{g_{m3}}\right) \tag{3.13}$$

$$v_{gs4} = -v_{gs2}[1 + g_{m2}(r_{ds1} /\!/ r_{ds2})] = -i_t\left(r_{ds3} /\!/ \frac{1}{g_{m3}}\right)[1 + g_{m2}(r_{ds1} /\!/ r_{ds2})] \tag{3.14}$$

$$i_t = g_{m4}v_{gs4} - g_{mb4}v_{sb4} + \frac{v_t - v_{gs2}}{r_{ds4}} \tag{3.15}$$

将式（3.12）~式（3.14）代入式（3.15），可得

$$R_{out} = \frac{v_t}{i_t} = r_{ds4}\left[1 + g_{m4}\left(r_{ds3} /\!/ \frac{1}{g_{m3}}\right)\right]\left[1 + g_{m2}(r_{ds1} /\!/ r_{ds2}) + g_{mb4}\left(r_{ds3} /\!/ \frac{1}{g_{m3}}\right) + \frac{1}{r_{ds4}}\left(r_{ds3} /\!/ \frac{1}{g_{m3}}\right)\right]$$

$$\tag{3.16}$$

若假定 $r_{ds3} \mathbin{/\mkern-5mu/} \dfrac{1}{g_{m3}} \approx \dfrac{1}{g_{m3}}$，$g_{m3} \approx g_{m4}$ ，则上式可简化为

$$R_{out} \approx r_{ds4}\left[1 + g_{m2}(r_{ds1} \mathbin{/\mkern-5mu/} r_{ds2}) + g_{mb4}\left(\dfrac{1}{g_{m3}}\right) + \dfrac{1}{r_{ds4}g_{m3}}\right] \quad (3.17)$$

若忽略上式中后两项并假定 $r_{ds} = r_{ds1} \approx r_{ds2} \approx r_{ds4}$ ，则 R_{out} 为

$$R_{out} \approx r_{ds} + g_{m2}\dfrac{r_{ds}^2}{2} \quad (3.18)$$

由式（3.18）中 r_{ds}^2 项可知，该输出电阻的量级与共源共栅电流镜相同。

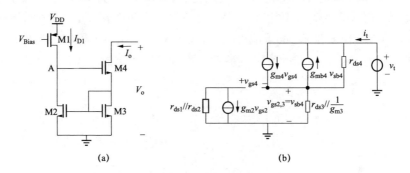

(a)   (b)

图 3.21　威尔逊电流镜

(a) 电路图；(b) 小信号等效电路

子任务 2　线路设计与验证

设计图 3.22 所示的电流沉电路，试估算其输出电阻并仿真该电路。

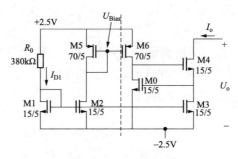

图 3.22　电流沉电路

由前面子任务 1、2 的数据可知，各 MOS 管的电流均为 $10\ \mu A$，各 MOS 管输出电阻为 $1.67M\Omega$。各 MOS 管的跨导 $g_m = 55\ \mu A/V$。

图 3.22 右部分电路进行分析，如图 3.23 所示。

比较该电路和威尔逊电路的区别，发现 M3 管不是栅漏连接，所以没有压控电流源 $g_{m3}v_{gs3}$。输出电阻 r_{ds3} 替代 $r_{ds3} \mathbin{/\mkern-5mu/} (1/g_{m3})$ 即可。由图 3.22 (b) 小信号等效电路分析得输出电阻为

$$R_{out} = \dfrac{v_t}{i_t} = r_{ds4}\left\{1 + g_{m4}r_{ds3}\left[1 + g_{m2}(r_{ds1} \mathbin{/\mkern-5mu/} r_{ds2})\right] + g_{mb4}r_{ds3} + \dfrac{r_{ds3}}{r_{ds4}}\right\}$$

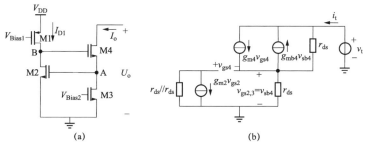

图 3.23　图 3.22 右部分电路分析

（a）电路图；（b）小信号等效电路

由此可知，决定 R_{out} 大小的主要是 r_{ds}^3 项，它由 r_{ds3}、r_{ds4} 和 $r_{\text{ds1}} /\!/ r_{\text{ds2}}$ 相乘得到。若所有 MOS 管都严格匹配，则进一步简化可得

$$R_{\text{out}} = \frac{v_{\text{t}}}{i_{\text{t}}} \approx g_{\text{m2}} g_{\text{m4}} (r_{\text{ds1}} /\!/ r_{\text{ds2}}) r_{\text{ds3}} r_{\text{ds4}} \approx \frac{g_{\text{m}}^2 r_{\text{ds}}^3}{2}$$

代入数据可得 $R_{\text{out}} = 6.9\text{G}\Omega$，约为二级共源共栅电流沉的 50 倍。仿真结果如图 3.24 所示。

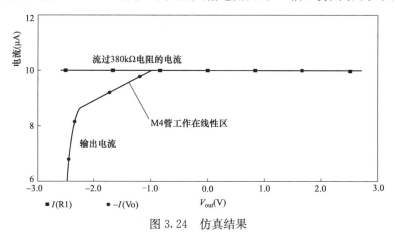

图 3.24　仿真结果

子任务 3　版图设计与验证（视频 - 威尔逊电流镜）

设计图 3.25 威尔逊电流镜结构的版图。

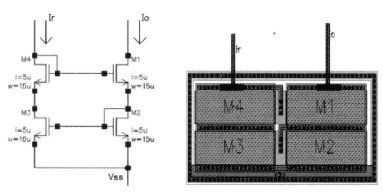

图 3.25　电路及版图

巩固与提高

1. 请设计图 3.21 所示电路的版图结构。（视频－图 3.21 所示电路的版图）

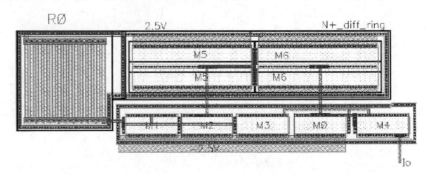

图 3.26　图 3.21 电路的版图结构

 项目小结

项目引入了 CMOS 模拟集成电路中能起偏置作用的基本电路－电流镜，该电路很少单独使用，一般是和其他电路结合进行以实现电路功能。文中详细分析了基本电流镜、共源共栅电流镜和威尔逊电流镜。通过设计实例，介绍每种电路的基本原理大信号和小信号特性及版图设计方法。

 巩固与提高

3.1　如图 3.27 中，假设 $(W/L)_1 = 50/0.5$，$\lambda = 0$，$I_{out} = 1.5mA$，$\mu_n C_{OX} = 50\mu A/V^2$，$V_{TH} = 0.8V$ 且 M1 处在饱和区。

（1）确定 R_2/R_1。

（2）计算 I_{out} 对 V_{DD} 变化的灵敏度，定义为 $\partial I_{out}/\partial V_{DD}$ 且用 I_{out} 归一化。

（3）如果 V_{TH} 变化了 50mV，I_{out} 将变化多少？

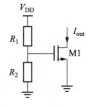

图 3.27　用电组分压确定电流

3.2　试求图 3.28 中 MOS 晶体管（宽长比为 $2\mu m/1\mu m$）的电流源在不同 V_S 下的输出电阻，参数要求见表 3.1。

表 3.1　　　　　　　　　　　习题 3.2 参考要求

参数	NMOS	PMOS	单位
V_{TH}	0.7 ± 0.15	-0.7 ± 0.15	V
g_m	$110\pm10\%$	$50\pm10\%$	$\mu A/V^2$
γ	0.4	0.6	$(V)^{1/2}$
λ	0.04	0.05	$(V)^{-1}$
$2\|\varphi_F\|$	0.7	0.8	V

3.3　如图 3.29 所示，所有 MOS 管都处于饱和状态，试计算输出电阻和最小输出电压，假设 i_{OUT} 为 20μA。（其他参数见表 3.1）

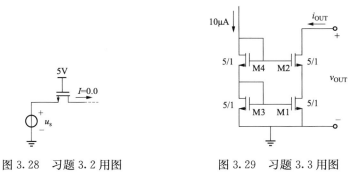

图 3.28　习题 3.2 用图　　　　　图 3.29　习题 3.3 用图

3.4　在图 3.30（a）中，假设所有的晶体管都相同，画出当 V_x 从一个大的正值下降时 I_X 和 V_B 的草图。

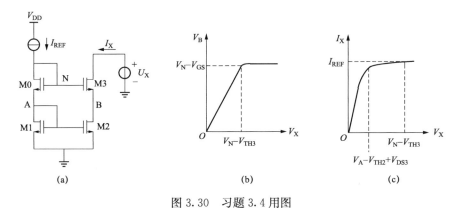

(a)　　　　　　　　(b)　　　　　　　　(c)

图 3.30　习题 3.4 用图

项目四　CMOS 放 大 电 路 设 计

　学 习 目 标

1. 掌握共源放大电路设计方法
2. 掌握源极跟随器的设计方法
3. 掌握共栅放大器的设计方法
4. 掌握共源共栅放大器设计方法
5. 了解折叠式级联共源共栅放大器设计方法
6. 了解差分放大器设计方法

本项目中电路采用项目二、项目三中介绍的基本器件和子电路来组成各种形式的 CMOS 放大器，放大器是模拟集成电路的基本信号放大单元。在模拟集成电路中放大电路有多种形式，其基本构成包括放大器件（有时又称为工作管）和负载器件。放大电路的设计主要有电路结构设计和器件尺寸设计两个内容。电路结构设计是根据功能和性能要求，利用基本的积木单元适当地连接和组合，构造电路的结构，通过器件的设计实现所需的性能。设计过程可能要经过多次反复，不断优化电路结构和器件参数，最后获得符合要求的电路单元。器件尺寸设计是放大器在性能上的要求，除了增益和速率，还有功耗参数、电源电压、线性、噪声、最大电压摆幅。此外，输入/输出阻抗决定前后级电路的相互作用。实际上，这些参数大部分互相影响，使得设计成为多维的优化问题。

本项目将从放大器的基本电路开始，按照高增益放大器的各级次序进行介绍，即从输入极、增益极和输出极分别介绍对应的子电路项目，所有子电路项目结合在一起可形成高增益放大器。介绍方法：首先对电路及其工作过程做简单介绍，然后进行大信号和小信号特性分析。以较低级简单电路项目为基础，进一步学习高级电路项目。

任 务 一　共 源 放 大 电 路 设 计

　任 务 要 求

1. 掌握共源放大电路（CS）的基本结构
2. 掌握基本原理分析方法
3. 能在 Cadence/Tanner 环境中设计电路图、仿真验证
4. 能在 Cadence/Tanner 环境中设计版图并仿真验证

子任务 1　基本原理分析

共源放大器是 CMOS 线路中的基本放大器，其基本结构有驱动部分和负载两部分，即 MOS 工作管和负载的串联结构。负载可以是一无源电阻、有源电阻，也可以用电流源做负载电阻。有源负载由多种方法构成，这里介绍几种基本结构，如图 4.1 所示给出了六种常用的电路结构。其基本工作管是 NMOS 晶体管，各放大器之间的不同主要表现在负载的不同上，也正是因为负载的不同，导致了其输出特性上的很大区别。图 4.1 中的输入信号 V_{IN} 中包含了直流偏置和交流小信号。

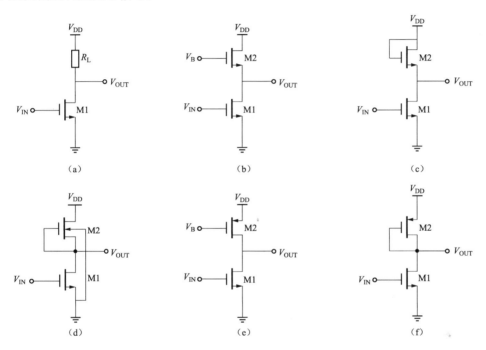

图 4.1　基本放大电路

(a) 电阻负载；(b) NMOS 管负载；(c) NMOS 管有源电阻负载；(d) 耗尽型 NMOS 管负载；
(e) PMOS 管负载；(f) PMOS 管有源电阻负载

下面将逐一介绍各放大电路的特性及其参数计算。

一、电阻负载共源放大器

以电阻作为放大器的负载是电子线路中普遍采用的共源结构，如图 4.2 所示。对于共源放大器，根据前面分析，当低频交流信号从栅极输入时，其输入阻抗很大，所以在分析时可不考虑输入阻抗的影响。

1. 大信号分析

首先分析共源放大器的大信号特性，即输入 - 输出特性。图 4.3（a）所示，如果输入电压 V_{in} 为零时，M1 截至 $I_{\mathrm{D}}=0$，$V_{\mathrm{out}}=V_{\mathrm{DD}}$。当 V_{in} 达到阈值，M1 将开启，R_{D} 中将会有电流产生，输出电压降低，如果 V_{DD} 不太低，M1 饱和处于开启（忽略晶体管的沟道调制效应）可以得到：

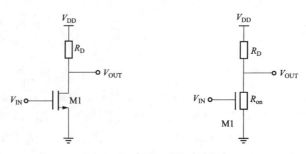

图 4.2　共源电路基本结构

$$V_{\text{out}} = V_{\text{DD}} - \frac{1}{2}\mu_{\text{n}}C_{\text{ox}}\frac{W}{L}(V_{\text{in}} - V_{\text{TH}})^2 R_{\text{D}} \tag{4.1}$$

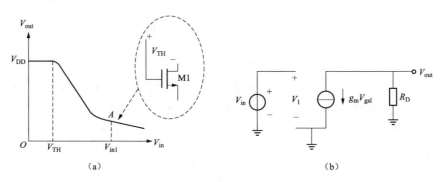

图 4.3　共源电路基本特性分析

(a) 输入输出特性；(b) 饱和区域的小信号等效电路

随着 V_{in} 进一步增大，V_{out} 进一步下降，V_{in} 从阈值 V_{TH} 直到超过 $V_{\text{out}} + V_{\text{TH}}$ 晶体管都处于饱和工作状态。

当 $V_{\text{in}} > V_{\text{out}} + V_{\text{TH}}$（或 $V_{\text{out}} < V_{\text{in}} - V_{\text{TH}}$），即 $V_{\text{in}} > V_{\text{in1}}$，M1 进入线性区。此时

$$V_{\text{out}} = V_{\text{DD}} - R_{\text{D}}\frac{1}{2}\mu_{\text{n}}C_{\text{ox}}\frac{W}{L}\left[2(V_{\text{in}} - V_{\text{TH}})V_{\text{out}} - V_{\text{out}}{}^2\right] \tag{4.2}$$

如果 V_{in} 升高到足够大使 M1 进入深度线性区，即 $V_{\text{out}} \ll 2(V_{\text{in}} - V_{\text{TH}})$，此时漏极电流 I_{D} 近似为

$$I_{\text{D}} \approx u_{\text{n}}C_{\text{ox}}\frac{W}{L}(V_{\text{in}} - V_{\text{TH}})V_{\text{out}} \tag{4.3}$$

V_{out} 表示为

$$V_{\text{out}} = V_{\text{DD}} - I_{\text{D}}R_{\text{D}} = V_{\text{DD}} - \mu_{\text{n}}C_{\text{ox}}\frac{W}{L}(V_{\text{in}} - V_{\text{TH}})V_{\text{out}}R_{\text{D}} \tag{4.4}$$

进一步整理得到：

$$V_{\text{out}} = \frac{V_{\text{DD}}}{1 + \mu_{\text{n}}C_{\text{ox}}\dfrac{W}{L}(V_{\text{in}} - V_{\text{TH}})R_{\text{D}}} \tag{4.5}$$

可见随着输入电压从零开始逐渐增大，M1 经历了截止区—饱和区—线性区三个工作区域。由于线性区跨导会减小将导致电压放大倍数下降，所以作为放大管要求管子工作在饱和区，因此设置静态工作点时，应保证输入电压范围：$V_{\text{TH}} < V_{\text{in}} < V_{\text{out}} + V_{\text{TH}}$，输出电压 $V_{\text{in}} - V_{\text{TH}} < V_{\text{out}} < V_{\text{DD}}$，工作点位于图 4.3（a）$A$ 点的左边。

2. 小信号分析

电压放大器的最主要性能指标是电压增益，对式子（4.1）V_{in} 进行求导可得出电压增益，即为由输入输出电压特性求出的斜率。忽略沟道调制长度调制效应，可得增益 A_{VE} 为

$$A_{VE} = \frac{\partial V_{out}}{\partial V_{in}} = -\mu_n C_{ox} \frac{W}{L}(V_{in} - V_{TH})R_D = -g_m R_D \tag{4.6}$$

式中的负号表示输出电压与输入电压的极性相反，$g_m = \mu_n C_{ox}(W/L)(V_{in} - V_{TH})$ 是 M1 的跨导。从式（4.6）可分析得到，当输入电压 V_{in} 变化导致漏极电流变化 $g_m V_{in}$（M1 的跨导作用），漏极电流流过电阻负载 R_D 产生输出电压变化为 $-g_m V_{in} R_D$，故电压增益为 $-g_m R_D$。

另外，求电压增益的有效方法还可以通过图 4.3（b）交流小信号等效电路进行分析，其中 V_{DD} 是直流电压，对于交流小信号而言，相当于交流接地。由于 $V_{gs} = V_{in}$，可以得到电压增益 $A_V = V_{out}/V_{in} = -g_m V_{gs} R_D/V_{in} = -g_m R_D$。结果同式（4.6）所示。显然，要增大放大器的电压增益必须加大电阻负载 R_D 的电阻值。但是，加大 R_D 将使直流电压损失过大，所以采用电阻负载的放大器，如果要提高增益是比较困难的。

二、E/E NMOS 放大器

E/E NMOS 放大器有两种结构形式，如图 4.1（b）和（c）所示。

对于图 4.1（b）所示的结构，通过直流偏置电压 V_B 使 M2 工作在饱和区。E/E NMOS 放大器的电压增益 A_{VE} 为

$$A_{VE} = -g_{m1}(r_{ds1} /\!/ r_{ds2}) \tag{4.7}$$

式中　r_{ds1}——M1 的输出电阻，对应的是 M1 工作在饱和区的交流输出电阻，理想情况下它是无穷大；

　　　r_{ds2}——M2 的输出电阻，对应的是 M2 工作在饱和区的交流输出电阻，它的电阻要远小于 r_{ds1}。

分析 M2 的工作可知，M2 的工作曲线对应的是平方律的转移曲线。因为 M2 的栅和漏都是固定电位，当交流输入信号使放大器的输出 V_{OUT} 上下摆动时，M2 的源极电位也跟着上下摆动，使 M2 的 V_{GS} 和 V_{DS} 同幅度地变化，$\Delta V_{GS} = \Delta V_{DS}$。这里的 r_{ds2} 是从 M2 源极看进去的等效电阻，其阻值远比 r_{ds1} 小，因此，$r_{ds1} /\!/ r_{ds2} \approx r_{ds2}$，$r_{ds2} = 1/g_{m2}$，得到

$$A_{VE} \approx -g_{m1} \cdot r_{ds2} = -\frac{g_{m1}}{g_{m2}} \tag{4.8}$$

考虑到 M1、M2 有相同的工艺参数和工作电流，跨导比就等于器件的宽长比之比为

$$A_{VE} \approx -\frac{g_{m1}}{g_{m2}} = -\sqrt{\frac{(W/L)_1}{(W/L)_2}} \tag{4.9}$$

要提高放大器的电压增益，就必须增加工作管和负载管尺寸的比值。

分析电路中各器件的工作点，可知负载管 M2 因为它的源极和衬底没有相连，所以当它的源极电位随信号变化而变化时，M2 的 V_{BS} 也随之发生变化，即 M2 存在衬底偏置效应，同时对器件又有影响。

首先，在直流状态下，衬底偏置效应使 M2 的实际阈值电压提高，导致它的工作点发生

偏离，需及时进行修正。更为严重的是，衬底偏置效应导致 M2 的交流等效电阻发生变化，而使电压增益发生变化。定性分析如下：

假设，V_{OUT} 向正向摆动，则 M2 的 V_{GS} 减小，使得其输出电流 I_{DS2} 减小，同时，V_{BS} 的数值变大，衬偏效应加大，也使 I_{DS2} 减小；反之，当 V_{OUT} 向负向摆动（减小），则 M2 的 V_{GS} 加大，使得其输出电流 I_{DS2} 增加，同时，V_{BS} 也随之变小，衬偏效应的作用下直流工作点减小，使 I_{DS2} 增加。M2 的 V_{GS} 和 V_{BS} 的作用是同相的。因此，可以看作器件的"背栅"与"正面栅"共同作用，构成并联结构，导致 M2 的交流电阻减小。这时 M2 的输出电阻为

$$r_{\mathrm{ds2}} = \frac{1}{g_{\mathrm{m2}} + g_{\mathrm{mb2}}} \tag{4.10}$$

式中　　g_{mb2}——M2 的背栅跨导。

放大器的电压增益变为

$$A'_{\mathrm{VE}} \approx -\frac{g_{\mathrm{m1}}}{g_{\mathrm{m2}} + g_{\mathrm{mb2}}} = -\frac{1}{1+\lambda_{\mathrm{b}}} \cdot \frac{g_{\mathrm{m1}}}{g_{\mathrm{m2}}} = -\frac{1}{1+\lambda_{\mathrm{b}}} \cdot A_{\mathrm{VE}} \tag{4.11}$$

$$\lambda_{\mathrm{b}} = g_{\mathrm{mb2}}/g_{\mathrm{m2}}$$

式中　　λ_{b}——衬底偏置系数，表征衬底偏置效应大小的参数。

从式（4.11）可以看出，衬底偏置效应使放大器的电压增益下降。

采用同样的方法，可以对图 4.1（c）所示的结构做类似的分析。

在饱和区，考虑到工作管和负载管的电流是相同的，有 $I_{\mathrm{DS1}} = I_{\mathrm{DS2}}$，即

$$\frac{1}{2}\mu_{\mathrm{n}}C_{\mathrm{OX}}(W/L)_1(V_{\mathrm{IN}} - V_{\mathrm{TN}})^2 = \frac{1}{2}\mu_{\mathrm{n}}C_{\mathrm{OX}}(W/L)_2(V_{\mathrm{DD}} - V_{\mathrm{OUT}} - V_{\mathrm{TN}})^2 \tag{4.12}$$

在饱和区，如果忽略 M2 的体效应，则该电路具有线性输入、输出特性，输出电压 V_{out} 随 V_{in} 的上升而近似线性减小。

放大器在工作点 Q 附近的电压增益为

$$A_{\mathrm{VE}} = \frac{V_{\mathrm{out}}}{V_{\mathrm{in}}} = \frac{\partial V_{\mathrm{OUT}}}{\partial V_{\mathrm{IN}}}\bigg|_{Q} = -\sqrt{\frac{(W/L)_1}{(W/L)_2}} \tag{4.13}$$

同样地，也能够分析考虑衬底偏置效应时的电压增益。

与图 4.1（b）的结构相比，它省去了一个静态电压偏置 V_{B}，但也因此而减弱了对 M2 的控制能力。从式（4.13）可以看出，该放大器的小信号增益是器件尺寸的函数，增益相对稳定，输入输出特性的线性度好。

三、E/D NMOS 放大器

E/D NMOS 放大器电路如图 4.1（d）所示。M2 为耗尽型 NMOS 负载管，由于栅源短接，所以，不论输出 V_{OUT} 如何变化，M2 的 V_{GS} 都保持零值不变。但存在衬底偏置效应的作用，沟道的电阻受一定的影响。放大器的交流电阻将主要由衬底偏置效应决定，电压增益为

$$A_{\mathrm{VD}} = -g_{\mathrm{m1}}r_{\mathrm{b}} = -\frac{g_{\mathrm{m1}}}{g_{\mathrm{mb2}}} = -\frac{1}{\lambda_{\mathrm{b}}} \times \frac{g_{\mathrm{m1}}}{g_{\mathrm{m2}}} = -\frac{1}{\lambda_{\mathrm{b}}}\sqrt{\frac{(W/L)_1}{(W/L)_2}} \tag{4.14}$$

比较式（4.11）和式（4.14），不难看出，以耗尽型 NMOS 晶体管作为负载的 NMOS 放大器的电压增益大于以增强型 NMOS 晶体管做负载的放大器。但两者有一个共同点：减小衬底偏置效应将有利于电压增益的提高。对 E/D NMOS 放大器，如果衬底偏置效应的作用减小，则 λ_{b} 将减小，当 λ_{b} 趋于零时，M2 作为恒流源负载，其理想的交流电阻无穷大。放

大器的电压增益将趋于无穷大。

四、PMOS 负载放大器

PMOS 管是衬底和源极短接，这样的电路结构不存在衬底偏置效应。图 4.1（e）电路和图 4.1（f）电路的结构差别在于 PMOS 晶体管是否接有固定偏置，这使它们在性能上产生了较大的差别。

图 4.1（e）电路的 PMOS 管由固定偏置电压 V_B 确定其直流工作点，当输出电压 V_{OUT} 上下摆动时，只要 PMOS 管 M2 仍工作在饱和区，其漏输出电流就可以保持不变。考虑到沟道长度调制效应的作用，M1 和 M2 的交流输出电阻可以表示为

$$r_{ds1} = \frac{|V_{A1}|}{I_{DS1}} \text{ 和 } r_{ds2} = \frac{|V_{A2}|}{I_{DS2}} \tag{4.15}$$

式中 V_{A1}——M1 的厄莱电压；

I_{DS1}——M1 的工作电流；

V_{A2}——M2 的厄莱电压；

I_{DS2}——M2 的工作电流。

如项目二所述，NMOS 晶体管 M1 的跨导可以表示为 $\sqrt{2\mu_n C_{ox}(W/L)_1 I_{DS1}}$ 。考虑到 $I_{DS1}=I_{DS2}=I_{DS}$，则放大器的电压增益

$$A_V = -g_{m1}(r_{ds1} /\!/ r_{ds2}) = -\frac{1}{\sqrt{I_{DS}}} \cdot \frac{|V_{A1}| \cdot |V_{A2}|}{|V_{A1}| + |V_{A2}|} \cdot \sqrt{2\mu_n C_{ox}(W/L)_1} \tag{4.16}$$

从式（4.16）可以看出，放大器的电压增益和工作电流的平方根成反比，随着工作电流的减小，电压增益将增大，一直到电流小到一定的程度，电压增益将不再变化，电压增益和工作电流的关系如图 4.4 所示。

从图 4.4 可以知道，在亚阈值区的 MOS 晶体管的跨导和工作电流的关系不再是平方根关系，而是线性关系，增益成为一个常数。

所以在 CMOS 结构中减小沟道长度调制效应可以提高增益，恒流源负载的恒流效果越好，放大器的电压增益将越大。

那么，图 4.1（f）所示的电路结构情况是否和图 4.1（e）一样呢？回答是否定的。

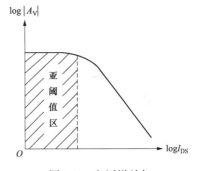

图 4.4 电压增益与
工作电流的关系

如图 4.1（f）所示，由于 M2 的栅漏短接，V_{OUT} 的变化直接影响 M2 管的 V_{GS} 的变化，使 M2 的电流发生变化。所以，M2 不是恒流源负载，它的负载管不存在衬偏效应。若忽略沟道调制效应，其交流小信号电压增益为

$$A_V = -\frac{g_{m1}}{g_{m2}} = -\sqrt{\frac{\mu_n (W/L)_1}{\mu_p (W/L)_2}} \tag{4.17}$$

因为电子迁移率 μ_n 大于空穴迁移率 μ_p，所以，和不考虑衬底偏置时的 E/E NMOS 放大器相比，即使是各晶体管尺寸相同，以栅漏短接的 PMOS 为负载的放大器的电压增益大于 E/E NMOS 放大器。如果考虑实际存在的衬底偏置效应的影响，这种差别将更大。

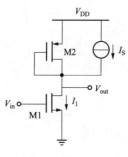

图 4.5 例 4.1 用图

【**例 4.1**】 在图 4.5 的电路中，M1 漏极电流等于 I_1，M1 处于饱和，电流源 $I_S=0.75I_1$ 加载在电路中，请分析电路增益的关系。

解： 由于 $|I_{D2}|=I_1/4$，得

$$A_V \approx -\frac{g_{m1}}{g_{m2}} = -\sqrt{\frac{4\mu_n\,(W/L)_1}{\mu_p\,(W/L)_2}}$$

此外，

$$\mu_n\left(\frac{W}{L}\right)_1(V_{GS1}-V_{TH1})^2 \approx -4\mu_p\left(\frac{W}{L}\right)_2(V_{GS2}-V_{TH2})^2$$

得

$$\frac{|V_{GS2}-V_{TH2}|}{V_{GS1}-V_{TH1}} \approx \frac{A_V}{4}$$

于是，对于增益 10 而言，M2 的过载需要是 M1 的 2.5 倍。也就是说，根据已知的 $|V_{GS2}-V_{TH2}|$，由于 4 的因素电流减小，那么 $(W/L)_2$ 应按比例减小，那基于相同因素 $g_{m2}=\sqrt{2\mu_n C_{ox}\,(W/L)_2 I_{D2}}$ 也要降低。

通过以上对六种基本放大器电压增益的分析，可以总结如下。要提高基本放大器的电压增益，可以从以下三方面入手：

（1）提高工作管的跨导，最简单的方法是增加它的宽长比。

（2）减小衬底偏置效应的影响。

（3）采用恒流源负载结构。

作为基本放大器的另两个重要参数：输入电阻和输出电阻。对 MOS 放大器，其输入电阻是无穷大。对于输出电阻，在前面的分析中可知，它等于工作管与负载管的输出电阻的并联。

五、CMOS 推挽放大器

CMOS 推挽放大器采用一对 MOS 晶体管作为基本单元，结构同数字电路中反相器，但性能并不相同。如图 4.6 所示，在输入信号 V_{IN} 中包括了直流电压偏置 V_{GS} 和交流小信号 v_{in}，小信号等效电路如图 4.7 所示。M1 是 NMOS 共源放大器，M2 是 PMOS 共源放大器，同时彼此又是对方的有源负载。两个共源放大器共同工作，输入电压同 M1 和 M2 同时放大，输出叠加在一起，这具有更高的电压增益，输出端形成互补的推挽结构，所以称为推挽放大器。

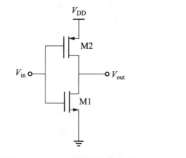

图 4.6 CMOS 推挽放大器

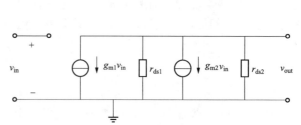

图 4.7 CMOS 推挽放大器小信号等效电路

图 4.6 中，输入的交流小信号 V_i 同时作用在两个晶体管上，因为两管的沟道不同，所以两管的电流方向相反，放大器的输出电流为两管的电流之和。M1 的输出交流电流等于 $g_{m1} \cdot v_{in}$，M2 的输出交流电流等于 $g_{m2} \cdot V_i$。放大器的输出电压等于

$$V_{out} = (g_{m1} v_{in} + g_{m2} v_{in}) \cdot (r_{ds1} \mathbin{/\mkern-5mu/} r_{ds2}) \tag{4.18}$$

由图 4.7 可知，放大器的电压增益

$$A_V = \frac{v_{out}}{v_{in}} = -\frac{(g_{m1} v_{in} + g_{m2} v_{in})}{v_{in}} \cdot (r_{ds1} \mathbin{/\mkern-5mu/} r_{ds2}) = -(g_{m1} + g_{m2}) \cdot (r_{ds1} \mathbin{/\mkern-5mu/} r_{ds2}) \tag{4.19}$$

如果通过设计使 M1 和 M2 的跨导相同，即 $g_{m1} = g_{m2} = g_m$，则有

$$A_V = -2 g_m (r_{ds1} \mathbin{/\mkern-5mu/} r_{ds2}) \tag{4.20}$$

放大器的输出电阻 $r_{ds} = r_{ds1} \mathbin{/\mkern-5mu/} r_{ds2}$，与图 4.1（e）所示的固定栅电压偏置的电路相同，如果两个电路中器件参数相同，则 CMOS 推挽放大器的电压增益比固定栅电压偏置的电路大一倍，可达到 500～2000，并且电压增益与工作电流 I_D 的平方根成反比。

推挽放大器的优点是在饱和区具有较高的电压增益，缺点是输入电压范围和输出电压摆幅较小。

子任务 2　线路分析与仿真（视频－电流镜共源放大器电路）

如图 4.8 所示，请自行分析图中所示电流源负载共源放大电路结构，分析其输入－输出特性，画出小信号等效电路分析增益大小。用 Cadence/Tanner 仿真软件分析电流源负载共源放大电路的瞬态特性、交/直流特性。

要求：写成电路网表，进行直流、交流和瞬态仿真分析。

子任务 3　版图设计与仿真验证　（视频－电流镜共源放大器版图）

请自行完成图 4.8 的版图结构。

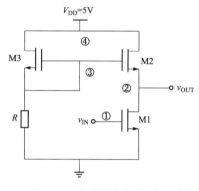

图 4.8　电流源负载共源放大电路结构

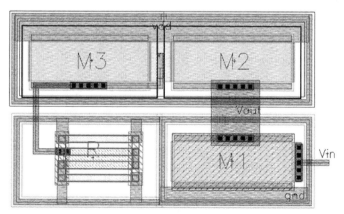

图 4.9　图 4.8 的版图结构

任务二　源极跟随器设计

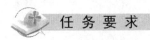

任务要求

1. 掌握源极跟随器（CD）电路结构图和基本原理分析方法
2. 能在 Cadence/Tanner 环境中设计电路图、仿真验证
3. 能在 Cadence/Tanner 环境中设计电路版图并仿真验证

子任务 1　基本原理分析

源极跟随器即共漏极放大器，电路特点是信号在栅极输入、在源极输出，输入阻抗对于低频小信号为无穷大。

该电路可作为一电压缓冲部分来驱动一小阻抗负载，缓冲放在放大器后来驱动带微小信号负载。该电路具有输入阻抗高，输出阻抗低，电压增益接近于 1（小于 1）的特点。

下面根据不同负载结构组成的进行电路分析。

一、电阻负载源极跟随器

如图 4.10 为 CD 放大器结构，栅极为感应信号输入，驱动源极负载。

1. 大信号分析

（1）截止区：由于 $V_{\text{in}} < V_{\text{TH}}$，M1 截止 $V_{\text{out}} = 0$。

（2）饱和区：当 V_{in} 达到 V_{TH} 时，M1 在饱和区打开（由于 V_{DD} 的标准值）并且 I_{D} 流过 R_{S}。由于 V_{in} 再增大，V_{out} 随输出电平移动等于 V_{GS}。其输入输出特性（见图 4.11）表达式为

$$\frac{1}{2}\mu_{\text{n}}C_{\text{ox}}\frac{W}{L}(V_{\text{in}} - V_{\text{TH}} - V_{\text{out}})^2 R_{\text{S}} = V_{\text{out}} \tag{4.21}$$

（3）线性区：只有 $V_{\text{DS}} < V_{\text{GS}} - V_{\text{in}}$，即 $V_{\text{DD}} < V_{\text{in}} - V_{\text{TH}}$ 时才进入线性区，这就要求 V_{in} 高于工作电源电压，所以一般不用考虑。

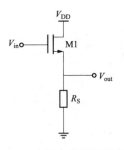

图 4.10　电阻负载源极跟随器

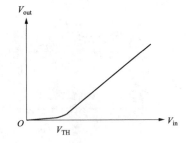

图 4.11　输入-输出特性曲线

2. 交流小信号分析

通过式（4.21）两边对 V_{in} 的微分计算，得到该电路的小信号增益

$$\frac{1}{2}\mu_{\text{n}}C_{\text{ox}}\frac{W}{L}2(V_{\text{in}} - V_{\text{TH}} - V_{\text{out}})\left(1 - \frac{\partial V_{\text{TH}}}{\partial V_{\text{in}}} - \frac{\partial V_{\text{out}}}{\partial V_{\text{in}}}\right)R_{\text{s}} = \frac{\partial V_{\text{out}}}{\partial V_{\text{in}}} \tag{4.22}$$

由于 $\partial V_{TH}/\partial V_{in} = \eta\,\partial V_{out}/\partial V_{in}$

$$\frac{\partial V_{out}}{\partial V_{in}} = \frac{\mu_n C_{ox}\dfrac{W}{L}(V_{in}-V_{TH}-V_{out})R_s}{1+\mu_n C_{ox}\dfrac{W}{L}(V_{in}-V_{TH}-V_{out})R_s(1+\eta)} \tag{4.23}$$

也要注意

$$g_m = \mu_n C_{ox}\frac{W}{L}(V_{in}-V_{TH}-V_{out}) \tag{4.24}$$

同时
$$A_V = \frac{g_m R_s}{1+(g_m+g_{mb})R_s} \tag{4.25}$$

通过小信号等效电路图 4.12 所示，可得到同样的结果。令 $V_{in}-V_1=V_{out}$，$V_{bs}=-V_{out}$，并且 $g_m V_{in}-g_{mb}V_{out}=V_{out}/R_s$。

对式（4.25）进行分析，得到

（1）电压增益在 $V_{in}=V_{TH}$（$g_m\approx0$）时为 0，并单调上升。

（2）当 V_{in} 足够大，即 g_m 足够大，则其交流小信号电压增益可近似为

$$A_V = \frac{g_m}{g_m+g_{mb}} = \frac{1}{1+\eta} \tag{4.26}$$

（3）由于 η 本身随 V_{out} 上升变化缓慢，A_V 最终会变为 1。如图 4.13 所示，由于其交流小信号电压增益接近于 1，所以称为跟随器。

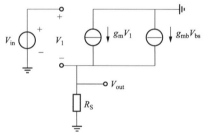

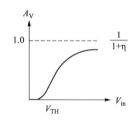

图 4.12 源极跟随器的小信号等效电路   图 4.13 源极跟随器对输入电压

二、电流源负载源极跟随器

通过以上分析可知，在电阻负载的源极跟随器中，由于放大管 M1 的漏电流严重依赖于输入的直流电平，从而导致放大管跨导变化。也就是说，输入 V_{in} 的变化会导致电路增益的非线性。要解决该问题，电阻应由一个电流源来取代如图 4.14（a）所示。该电流源本身作为一个工作于饱和区的 NMOS 晶体管，图 4.14（b）是电流源的一种具体实现，即用工作在饱和区的 MOS 管构成电流源。

1. 大信号分析

图 4.14（b）中，若 M1 和 M2 都处于饱和，则根据 KCL 定理可得

$$I_{D1} = I_{D2}$$

$$\frac{1}{2}\mu_n C_{ox}\left(\frac{W}{L}\right)_1(V_{GS1}-V_{TH1})^2 = \frac{1}{2}\mu_n C_{ox}\left(\frac{W}{L}\right)_2(V_{GS2}-V_{TH2}) \tag{4.27}$$

而 $V_{GS1}=V_{in}-V_{out}$

所以
$$V_{out} = V_{in}-V_{TH1}-\sqrt{\frac{(W/L)_2}{(W/L)_1}}(V_b-V_{TH2}) \tag{4.28}$$

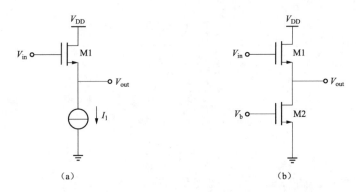

图 4.14　利用 NMOS 晶体管作为电流源负载的源极跟随器

(a) 电流源代替电阻；(b) 用 MOS 管构成电流源

由此可以看出，V_{out} 和 V_{in} 成线性关系。

2. 小信号分析

由小信号等效电路分析可知，在忽略沟道调制效应时交流小信号电压增益为

$$A_{\text{V}} = \frac{V_{\text{out}}}{V_{\text{in}}} = \frac{g_{\text{m}}}{g_{\text{m}} + g_{\text{mb}}} \tag{4.29}$$

输出电阻可直接得到为

$$R_{\text{o}} = \frac{1}{g_{\text{m}} + g_{\text{mb}}} \tag{4.30}$$

所以 M1 的体效应降低了源极跟随器的输出电阻。

【例 4.2】　假设在图 4.14（a）的源极跟随器中，$(W/L)_1 = 20/0.5$，$I_1 = 200\,\mu\text{A}$，$V_{\text{TH0}} = 0.6\text{V}$，$2\varPhi_{\text{F}} = 0.7\text{V}$，$\mu_{\text{n}}C_{\text{ox}} = 50\,\mu\text{A/V}^2$ 和 $\gamma = 0.4\text{V}^2$，则

（1）计算当 $V_{\text{in}} = 1.2\text{V}$ 时的 V_{out}。

（2）若 I_1 在图 4.14（b）的 M2 应用，找出 M2 处于饱和时 $(W/L)_2$ 的最小值。

解：（1）由于 M1 的阈值电压取决于 V_{out}，因此进行了简单的迭代。注意

$$(V_{\text{in}} - V_{\text{TH}} - V_{\text{out}})^2 = \frac{2I_{\text{D}}}{\mu_{\text{n}}C_{\text{ox}}\left(\dfrac{W}{L}\right)_1}$$

先假设 $V_{\text{TH}} \approx 0.6\text{V}$，得到 $V_{\text{out}} = 0.153\text{V}$。现在计算出一个新的 V_{TH} 为

$$V_{\text{TH}} = V_{\text{TH0}} + \gamma(\sqrt{2\phi_{\text{F}} + V_{\text{SB}}} - \sqrt{2\phi_{\text{F}}}) = 0.635\text{V}$$

这表明 V_{out} 近似为 35mV 小于以上计算的，即 $V_{\text{out}} \approx 0.119\text{V}$

（2）由于 M2 的漏源电压等于 0.119V，只有 $(V_{\text{GS}} - V_{\text{TH}})_2 \leqslant 0.119\text{V}$，器件才饱和。由于 $I_{\text{D}} = 200\,\mu\text{A}$，给出 $(W/L)_2 \geqslant 283/0.5$。

源极跟随器的特点：

（1）具有高输入阻抗和中等输出阻抗，且电压增益接近于 1。但是存在衬偏效应使 V_{TH} 值对源极存在非线性，从而在电路中产生了非线性。可将衬底和源极相连进行消除。

（2）由于电平移位引起电压余度减小，因此可通过合理设计来改善。

子任务 2　线路分析与仿真

如图 4.15 所示，请分析图中电流镜负载源极跟随器结构，分析其输入‐输出特性，画出小信号等效电路分析增益大小。用 Cadence/Tanner 仿真软件分析电流源负载共源放大电路的瞬态特性、交/直流特性。

子任务 3　版图设计与仿真（视频‐电流镜负载 CD）

画出图 4.15 所示的电路版图结构。

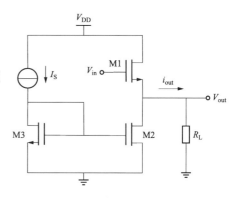

图 4.15　电流镜负载源极跟随器结构

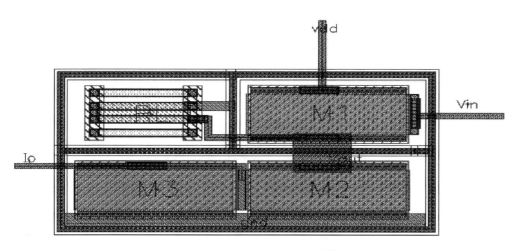

图 4.16　图 4.15 电路版图结构

任 务 三　共 栅 放 大 器 设 计

 任 务 要 求

1. 掌握共栅放大电路的基本结构
2. 了解基本原理，掌握分析方法
3. 能在 Cadence/Tanner 环境中设计电路图、仿真验证
4. 能在 Cadence/Tanner 环境中设计版图并仿真验证

子任务 1　基本原理分析

如图 4.17 所示为共栅放大器的电路结构，图 4.17（a）中 M1 为放大管，源极接输入信号 V_{in}，漏极产生输出信号 V_{out}，栅极接适当的直流偏置电压 V_b。在图 4.17（b）中，M1 偏

置一个固定的电流源，输入信号 V_{in} 与电容 C_1 耦合输入。

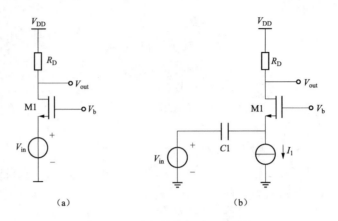

图 4.17　共栅放大器的电路结构

(a) 在输入端直接耦合的共源极；(b) 在输入端直接耦合电容的 CG 极

1. 大信号分析

假设 V_{in} 从一个大的正值减小。由于 $V_{in} \geqslant V_b - V_{TH}$，M1 关闭并且 $V_{out} = V_{DD}$。V_{in} 由于较小，写成

$$I_D = \frac{1}{2} \mu_n C_{ox} \frac{W}{L} (V_b - V_{in} - V_{TH})^2 \tag{4.31}$$

若 M1 处于饱和，当 V_{in} 减小时，V_{out} 也减小，最终导致 M1 进入线性区。

$$V_{DD} - \frac{1}{2} \mu_n C_{ox} \frac{W}{L} (V_b - V_{in} - V_{TH})^2 R_D = V_b - V_{TH} \tag{4.32}$$

当 $V_o - V_i \leqslant V_b - V_{in} - V_{TH}$，即

$$V_{DD} - \frac{1}{2} \mu_n C_{ox} \frac{W}{L} (V_b - V_{in} - V_{TH})^2 R_D = V_b - V_{TH}$$

M1 进入三极管区。

总结以上分析可得出输入输出特性如图 4.18 所示。

2. 小信号分析

得到的小信号增益为

$$\frac{\partial V_{out}}{\partial V_{in}} = -\mu_n C_{ox} \frac{W}{L} (V_b - V_{in} - V_{TH}) \left(-1 - \frac{\partial V_{TH}}{\partial V_{in}}\right) R_D \tag{4.33}$$

由于 $\partial V_{TH} / \partial V_{in} = \partial V_{TH} / \partial V_{SB} = \eta$，令

$$\frac{\partial V_{out}}{\partial V_{in}} = \mu_n C_{ox} \frac{W}{L} R_D (V_b - V_{in} - V_{TH})(1 + \eta) = g_m (1 + \eta) R_D \tag{4.34}$$

注意：增益为正。

有趣的是，体效应增大了该极的等效跨导。共栅放大器交流小信号电路如图 4.19 所示，分析如下：

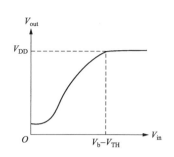

图 4.18 共栅极输入输出特性

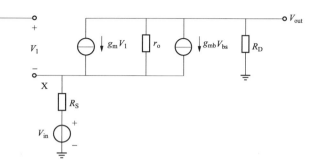

图 4.19 共栅放大器交流小信号电路

流经 R_s 的电流等于 $-V_{out}/R_D$，令

$$V_1 - \frac{V_{out}}{R_D} R_S + V_{in} = 0 \tag{4.35}$$

此外，由于流经 r_{ds} 的电流等于 $-V_{out}/R_D - g_m V_1 - g_{mb} V_1$，可写成

$$r_{ds}\left(\frac{-V_{out}}{R_D} - g_m V_1 - g_{mb} V_1\right) - \frac{V_{out}}{R_D} R_S + V_{in} = V_{out} \tag{4.36}$$

式（4.36）V_1 通过置换可得

$$r_{ds}\left[\frac{-V_{out}}{R_D} - (g_m + g_{mb})\left(V_{out}\frac{R_S}{R_D} - V_{in}\right)\right] - \frac{V_{out}R_S}{R_D} + V_{in} = V_{out} \tag{4.37}$$

于是

$$\frac{V_{out}}{V_{in}} = \frac{(g_m + g_{mb})r_{ds} + 1}{r_{ds} + (g_m + g_{mb})r_{ds}R_S + R_S + R_D} R_D \tag{4.38}$$

与共源极放大器相比，由于共栅极的放大管存在衬底效应，比共源极增益略高一些。

【例 4.3】 计算如图 4.20（a）所示电路的电压增益，若 $\lambda \neq 0$ 且 $\gamma \neq 0$。

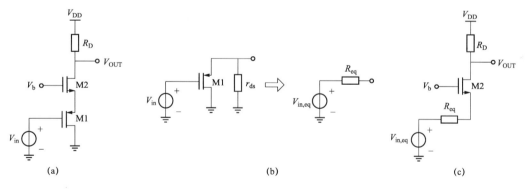

(a)   (b)   (c)

图 4.20 例 4.3 电路图

(a) 电路图；(b) M1 的等效结构；(c) 等效电路图

解： M1 的戴维南等效，如图 4.19（b），M1 作为源极跟随器并且戴维南等效电压由式（4.39）给出

$$V_{in,eq} = \frac{r_{ds1} \parallel \dfrac{1}{g_{mb1}}}{r_{ds1} \parallel \dfrac{1}{g_{mb1}} + \dfrac{1}{g_{m1}}} V_{in} \tag{4.39}$$

等效电阻

$$R_{\mathrm{eq}} = r_{\mathrm{ds1}} \parallel \frac{1}{g_{\mathrm{mb1}}} \parallel \frac{1}{g_{\mathrm{m1}}} \tag{4.40}$$

图 4.20（c）重新描述的电路由式（4.38）可得增益为

$$\frac{V_{\mathrm{out}}}{V_{\mathrm{in}}} = \frac{(g_{\mathrm{m2}}+g_{\mathrm{mb2}})r_{\mathrm{ds2}}+1}{r_{\mathrm{ds2}}+[1+(g_{\mathrm{m2}}+g_{\mathrm{mb2}})r_{\mathrm{ds2}}]\left(r_{\mathrm{ds1}}\parallel\frac{1}{g_{\mathrm{mb1}}}\parallel\frac{1}{g_{\mathrm{m1}}}\right)+R_{\mathrm{D}}}R_{\mathrm{D}}\frac{r_{\mathrm{ds1}}\parallel\frac{1}{g_{\mathrm{mb1}}}}{r_{\mathrm{ds1}}\parallel\frac{1}{g_{\mathrm{mb1}}}+\frac{1}{g_{\mathrm{m2}}}} \tag{4.41}$$

进一步地，对共栅极拓扑结构的输入输出阻抗进行分析，如图 4.21 所示。

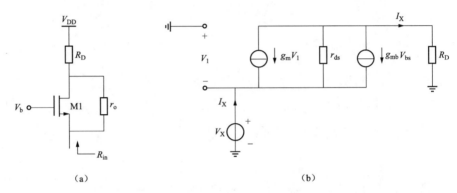

(a)　　　　　　　　　　　　　　(b)

图 4.21　共栅极拓扑结构的输入输出阻抗分析

(a) 共栅极输入电阻；(b) 小信号等效电路

由于 $V_1 = -V_{\mathrm{x}}$ 并且流经 r_{ds} 等于 $I_{\mathrm{x}}+g_{\mathrm{m}}V_1+g_{\mathrm{mb}}V_1 = I_{\mathrm{x}}-(g_{\mathrm{m}}+g_{\mathrm{mb}})V_{\mathrm{x}}$，由 r_{ds} 和 R_{D} 的压降相加得到

$$R_{\mathrm{D}}I_{\mathrm{x}}+r_{\mathrm{ds}}[I_{\mathrm{x}}-(g_{\mathrm{m}}+g_{\mathrm{mb}})V_{\mathrm{x}}]=V_{\mathrm{x}} \tag{4.42}$$

因此

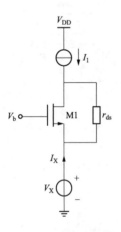

$$\frac{V_{\mathrm{x}}}{I_{\mathrm{x}}}=\frac{R_{\mathrm{D}}+r_{\mathrm{ds}}}{1+(g_{\mathrm{m}}+g_{\mathrm{mb}})r_{\mathrm{ds}}}\approx\frac{R_{\mathrm{D}}}{(g_{\mathrm{m}}+g_{\mathrm{mb}})r_{\mathrm{ds}}}+\frac{1}{g_{\mathrm{m}}+g_{\mathrm{mb}}} \tag{4.43}$$

若 $(g_{\mathrm{m}}+g_{\mathrm{mb}})r_{\mathrm{ds}}\gg 1$，则揭示了当从源极看去时漏极电阻被 $(g_{\mathrm{m}}+g_{\mathrm{mb}})r_{\mathrm{ds}}$ 相除。

假设 $R_{\mathrm{D}}=0$，则

$$\frac{V_{\mathrm{x}}}{I_{\mathrm{x}}}=\frac{r_{\mathrm{ds}}}{1+(g_{\mathrm{m}}+g_{\mathrm{mb}})r_{\mathrm{ds}}}=\frac{1}{\frac{1}{r_{\mathrm{ds}}}+g_{\mathrm{m}}+g_{\mathrm{mb}}} \tag{4.44}$$

这仅仅是一个从源极跟随器从源极看所得的电阻。

然后用一已知电流源代替 R_{D}，由于理想电流源的电阻近似无穷大，所以由式（4.43）可知共栅极输入阻抗接近于无穷大（见图 4.22）。

图 4.22　电流源负载的共栅极输入阻抗

【例 4.4】　计算带电流源负载的共栅极电压增益如图 4.24（a）所示。

解： 令 R_D 接近无限，得

$$A_V = (g_m + g_{mb})r_{ds} + 1$$

增益不取决于 R_S。由此可知，若 $R_D \rightarrow \infty$，同理可得从 M1 源极所得的电阻，并且在图 4.19 中 X 节点的小信号电压等于 V_{in}。因此可将电路图简化为图 4.23（b）所示。

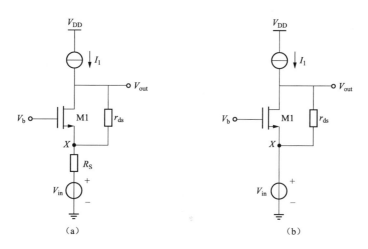

图 4.23　例 4.4 图

（a）电路图；（b）简化电路图

为计算共栅极输出阻抗，利用图 4.24 所示电路可以得到

$$R_{out} = \{[1 + (g_m + g_{mb})r_{ds}]R_S + r_{ds}\} \| R_D \tag{4.45}$$

子任务 2　线路分析与仿真

如图 4.25 所示，请自行分析图中所示电流镜负载共栅放大器电路，分析其输入 - 输出特性，画出小信号等效电路分析增益大小。用 Cadence/Tanner 仿真软件分析电流源负载共源放大电路的瞬态特性、交/直流特性。

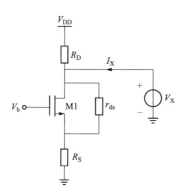

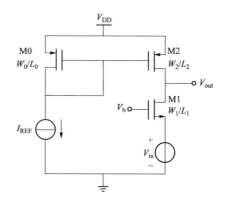

图 4.24　一共栅极输出电阻的计算　　　图 4.25　电流镜负载共栅放大器电路

子任务3　版图设计与仿真（视频 - 电流镜负载 CG）

画出图 4.26 所示的电路版图结构，如图 4.26 所示。

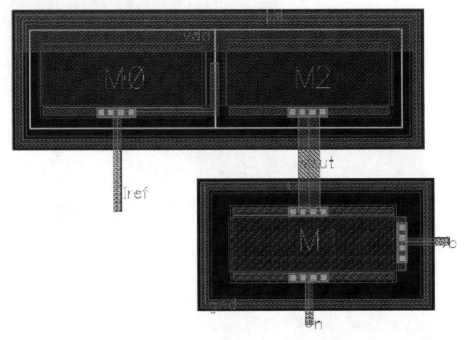

图 4.26　图 4.26 所示的电路版图结构

任务四　共源共栅放大器设计

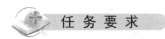 任务要求

1. 掌握共源共栅放大电路的基本结构
2. 了解基本原理，掌握分析方法
3. 能在 Cadence/Tanner 环境中设计电路图、仿真验证
4. 能在 Cadence/Tanner 环境中设计版图并仿真验证

子任务1　基本原理分析

由前面几种电路结构分析可知，共源放大器把电压信号转换为电流信号，而共栅极的输入信号可以是电流信号。所以把共源和共栅放大电路级联起来构成了级联拓扑结构，即共源共栅（Cascode）放大器，如图 4.27 所示。M1 产生与 V_{in} 成比例的小信号漏电流并且 M2 仅传送电流到 R_D，M1 输入器件，M2 为级联器件，两管流过相同的电流，如图 4.28 所示。

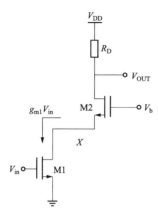

图 4.27 共源共栅结构

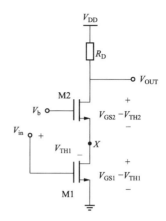

图 4.28 级联的偏置电压

一、大信号分析

首先分析该电路的输入输出特性。如图 4.29 所示，当 V_{in} 从 0 到 V_{DD} 时共源共栅极大信号行为。

（1）截止状态：由于 $V_{in} \leqslant V_{TH1}$，M1 与 M2 关闭，$V_{out} = V_{DD}$，并且 $V_x \approx V_b - V_{TH2}$（若阈值状态忽略）。当 V_{in} 达到 V_{TH1}，M1 开始拉电流，并且 V_{out} 下降。

（2）饱和状态：若 M1 和 M2 都处于饱和状态，M1 工作于饱和状态，$V_x \geqslant V_{in} - V_{TH1}$。那么 V_x 主要决定于 V_b，$V_x = V_b - V_{GS2}$，因此 $V_b - V_{GS2} \geqslant V_{in} - V_{TH1}$，所以 $V_b > V_{in} + V_{GS2} - V_{TH1}$。

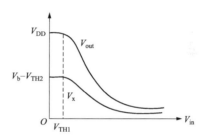

图 4.29 共源共栅极输入输出特性

M2 处于饱和状态，$V_{out} \geqslant V_b - V_{TH2}$，那么 $V_{out} \geqslant V_{in} - V_{TH1} + V_{GS2} - V_{TH2}$。从图 4.28 可知，对于工作于饱和区的两个晶体管的输出电压下限等于 M1 的过载电压加上 M2 的过载电压。即 M2 被堆积在 M1 顶端。

（3）线性区：假设 V_{in} 为足够大值，将产生两种情况：（1）V_x 从 V_{TH1}，下降到 V_{in} 以下，促使 M1 进入线性区；（2）V_{out} 从 V_{TH2} 下降到 V_b 以下，驱使 M2 进入线性区。根据器件的尺寸、R_D 和 V_b 的值，可产生前面任何一种情况。例如，若 V_b 相对较低，M1 可先进入线性区。若 M2 进入深度线性区，V_x 和 V_{out} 变成基本相同。

二、交流小信号特性分析

小信号电路如图 4.30 所示，假设两个晶体管都工作于饱和区，若 $\lambda = 0$。因为通过输出器件产生的漏极电流必流经共源共栅极器件，所以电压增益等于共源极增益，不受 M2 影响。

输出阻抗分析：共源共栅极结构的一个重要特点是高输出阻抗。如图 4.31 来计算 r_{out}，M1 用等效电阻 r_{ds1} 来取代。

利用式（3.9）可得：

$$r_{out} = [1 + (g_{m2} + g_{mb2})r_{ds1}]r_{ds2} + r_{ds1} = [1 + (g_{m2} + g_{mb2})r_{ds2}]r_{ds1} + r_{ds2} \qquad (4.46)$$

假设 $g_m r_{ds} \gg 1$，可得 $r_{out} \approx (g_{m2} + g_{mb2})r_{ds2}r_{ds1}$。

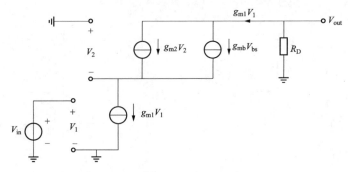

图 4.30　共源共栅极小信号等效电路

因此，电压增益 A_V 可表示为

$$A_V = -g_m r_{out} \tag{4.47}$$

那就是说，由于因子 $(g_{m2}+g_{mb2})r_{ds2}$ 促使 M1 的输出阻抗提升。如图 4.32 所示，级联可扩充到 3 层或更多层堆积器件来获得更高输出阻抗，但这会消耗更大的电压余度来减小输出电压摆幅。三级级联的最小输出电压等于三个过驱动电压之和。

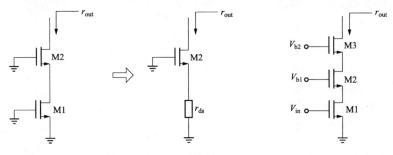

图 4.31　共源共栅极输出阻抗的计算　　　图 4.32　三倍级联

子任务 2　线路分析与仿真

如图 4.33 所示，请自行分析图中所示共源共栅放大器电路，分析其输入-输出特性，画出小信号等效电路分析增益大小。用 Cadence/Tanner 仿真软件分析电流源负载共源放大电路的瞬态特性、交/直流特性。

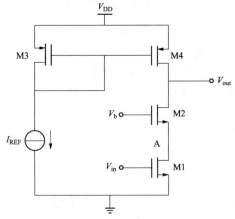

图 4.33　共源共栅放大器电路

子任务 3 版图设计与仿真 (视频 - 电流镜负载 CS - CG)

画出图 4.33 所示的电路版图结构，如图 4.34 所示。

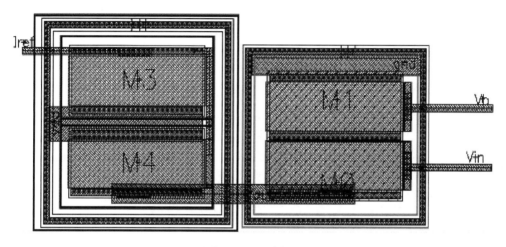

图 4.34 电路版图

任务五 折叠式级联放大器设计

📖 任务要求

1. 掌握折叠式级联放大电路的基本结构
2. 了解基本原理，掌握分析方法
3. 能在 Cadence/Tanner 环境中设计电路图、仿真验证
4. 能在 Cadence/Tanner 环境中设计版图并仿真验证

子任务 1 基本原理分析

利用级联结构通过共源级将输入电压转化为电流输出，然后通过共栅极进行放大。要完成该功能，输入和级联部分不一定为同一种类型。例如，图 4.35 所描述的，PMOS - NMOS 组合实现的是同一种功能。为了对 M1 和 M2 偏置，电流源可加载在如图 4.35 (b) 所示。电路工作原理如下：PMOS 管 M1 的输入电压 V_{in} 为正，$|I_{D1}|$ 减小，因为 I_1 不变，所以促使 I_{D2} 增大，导致 V_{out} 下降。

如图 4.35 (c) 所示一个 NMOS—PMOS 级联。图 4.35 (b) 和 (c) 结构为折叠式级联级，小信号电流被 "折叠起来" [在图 4.35 (b)] 或被折下来 [图 4.35 (c)]。当然也可以用 NMOS 作为放大管，用 PMOS 作为级联管构成共源共栅电路。

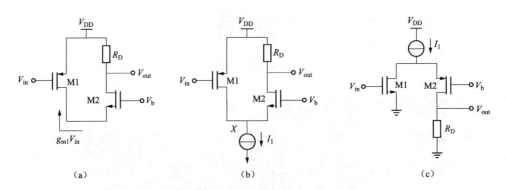

图 4.35   折叠式级联共源共栅电路

(a) 简单折叠式级联；(b) 带偏置的级联；(c) NMOS 输入的级联

一、大信号分析

如图 4.35 (c) 中，V_{in} 从 V_{DD} 下降到 0。

(1) 截止态：$V_{in} > V_{DD} - |V_{TH1}|$，M1 关闭，并且 M2 实现全部的 I_1，得出 $V_{out} = V_{DD} - I_1 R_D$。

(2) 饱和态：$V_{in} < V_{DD} - |V_{TH1}|$，M1 处于开启饱和状态，给出

$$I_{D2} = I_1 - \frac{1}{2}\mu_p C_{ox} \left(\frac{W}{L}\right)_1 (V_{DD} - V_{in} - |V_{TH1}|)^2 \tag{4.48}$$

当 V_{in} 下降，I_{D2} 进一步下降，若 $I_{D1} = I_1$ 会降到 0。由此得出：

$$\frac{1}{2}\mu_p C_{ox} \left(\frac{W}{L}\right)_1 (V_{DD} - V_{in1} - |V_{TH1}|)^2 = I_1 \tag{4.49}$$

因此

$$V_{in1} = V_{DD} - \sqrt{\frac{2I_1}{\mu_p C_{ox} (W/L)_1}} - |V_{TH1}| \tag{4.50}$$

(3) 线性区：若 V_{in} 下降到该水平，I_{D1} 趋向于大于 I_1 并且 M1 进入线性区，以至于让 $I_{D1} = I_1$，工作区特性曲线如图 4.36 所示。

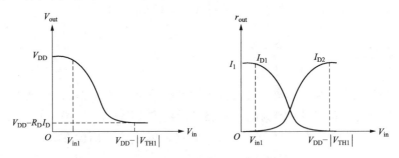

图 4.36   折叠式级联的大信号特性

二、小信号工作分析

当 V_{in} 较大时，I_{D1} 减小，使 I_{D2} 减小，因此 V_o 下降，电路的输出阻抗与电压增益通过计算 NMOS - PMOS 级联得到。

输出阻抗分析：图 4.37 所示的电路就是图 4.35 (b) 所示电路的具体实现。其中 M1、

M2 构成 PMOS‑NMOS 折叠共源共栅结构，M3 作为一个电流源，其输出阻抗利用式 (3.9) 可得

$$r_{out} = [1 + (g_{m2} + g_{mb2})r_{ds2}](r_{ds1} \parallel r_{ds3}) + r_{ds2} \tag{4.51}$$

因此，电路的输出阻抗比折叠式级联的低。

子任务 2 线路分析与仿真

如图 4.38 所示，请分析图中折叠式共源共栅放大器电路，分析其输入‑输出特性，画出小信号等效电路分析增益大小。用 Cadence/Tanner 仿真软件分析电流源负载共源放大电路的瞬态特性、交/直流特性。

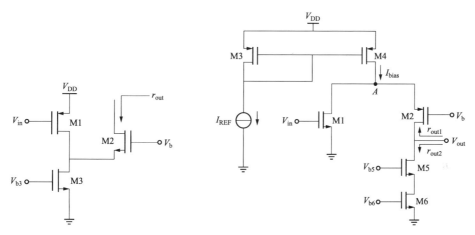

图 4.37 输出阻抗结构   图 4.38 折叠式共源共栅放大器电路

子任务 3 版图设计与仿真（视频‑Folded‑Cascode AMP）

画出图 4.38 所示电路版图结构，如图 4.39 所示。

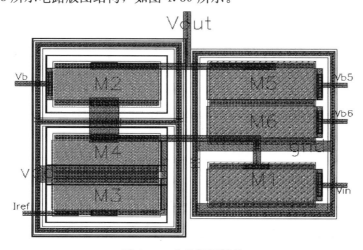

图 4.39 电路版图结构

任务六　差分放大器设计

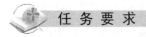 任 务 要 求

1. 掌握差分放大电路的基本结构
2. 了解基本原理，掌握分析方法
3. 能在 Cadence/Tanner 环境中设计电路图、仿真验证
4. 能在 Cadence/Tanner 环境中设计版图并仿真验证

子任务1　基本原理分析

差分放大器是模拟集成电路的重要单元，通常将它作为模拟集成电路的输入级使用。其显著特点是对差分信号进行放大，对共模信号进行抑制，具有抗干扰能力强，漂移小、级与级之间易于直接耦合的特点。

（1）单端信号：指某一固定电位（通常为地电位）对应的参考位。

（2）差动信号：为两个节点电位之差，且这两个节点的电位相对于某一固定电位大小相等，极性相反。严格地说，这两个节点与固定电位节点的阻抗也必须相等。

（3）共模（CM）电平：在差动信号中，中心电位称为共模（CM）电平。有输入共模电平和输出共模电平之分。

（4）共模抑制：差动工作与单端工作相比，优势在于它对环境噪声具有更强的抗干扰能力（如电源噪声），即共模抑制。

一、基本的 MOS 差分放大器

MOS 差分放大器的电路结构如图 4.40 所示，可放大差模信号，抑制共模信号。图 4.40（a）以 NMOS 晶体管作为差分对管的电路结构，图 4.40（b）以 PMOS 晶体管为差分对管的电路结构。电路中的负载有多种形式，通常为无源负载、有源负载，就性能而言，有源负载用得较多。M5 被偏置在饱和区，提供尾电流 I_{SS}。这个 I_{SS} 为恒流源接在差分对管的源端，构成对共模信号的负反馈，抑制差分放大器的共模信号放大能力。在静态条件下，输入的差模电压为零时，差分放大器两个支路的电流相等，输出电压差 V_{D1}-V_{D2} 等于零。

1. 大信号分析

电流 - 电压特性：差分对管构成共源结构，采用匹配的一对同种 MOS 晶体管，它们具有相同的电学参数和几何参数。下面以 NMOS 差分对管结构的放大器为对象，分析差分放大器电路在差模输入情况下的电流 - 电压特性。

因为 M1、M2 匹配，所以有 $V_{TN1} = V_{TN2} = V_{TN}$，$K_1 = K_2 = K = K'_N(W/L)$，$K'_N = \dfrac{1}{2} \mu_n C_{ox}$。器件都工作在饱和区，它们的电流关系为

$$I_{D1} = K \cdot (V_{GS1} - V_{TN})^2, I_{D2} = K \cdot (V_{GS2} - V_{TN})^2, I_{SS} = I_{D1} + I_{D2} \tag{4.52}$$

输入的差模电压

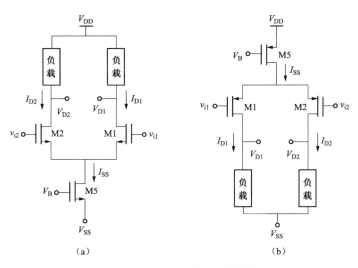

图 4.40 MOS 差分放大器结构

(a) NMOS 晶体管作为差分对管；(b) PMOS 晶体管作为差分对管

$$\Delta V_1 = V_{GS1} - V_{GS2} \tag{4.53}$$

在差模电压下产生的差模电流：

$$\Delta I_D = I_{D1} - I_{D2} \tag{4.54}$$

经过数学推导，得到如下的电流 - 电压方程：

$$\Delta I_D \approx K \cdot \Delta V_1 \cdot \sqrt{\frac{2I_{SS}}{K} - \Delta V_1^2} \tag{4.55}$$

当输入的差模电压比较小时，忽略二次项，差模电流与差模电压近似地为线性关系。当差模电压达到 $\pm \sqrt{I_{SS}/K}$ 时，$\Delta I_D = I_{SS}$，此时 ΔI_D 为恒流源电流，再增加差模电压，差模电流将不再变化。

2. 交流小信号分析

按照放大器跨导的定义，可得 MOS 差分放大器的跨导为

$$G_M = \frac{\partial(\Delta I_D)}{\partial(\Delta V_1)} = K\sqrt{\frac{2I_{SS}}{K} - \Delta V_1^2} - K\frac{\Delta V_1^2}{\sqrt{\frac{2I_{SS}}{K} - \Delta V_1^2}} \tag{4.56}$$

当 $\Delta V_1 \rightarrow 0$ 时

$$G_M \approx \sqrt{2KI_{SS}} = \sqrt{\mu_n C_{ox}(W/L)I_{SS}} = g_{m1} = g_{m2} \tag{4.57}$$

即当输入的差模信号幅度很小时，差分放大器的跨导就等于差分对管中的 NMOS 管单管的跨导。

二、MOS 差分具体负载实现电路

MOS 差分放大器的负载与差分对管一样，通常同种器件匹配形式。差分放大器的负载通常是有源负载，对 NMOS 差分对管的差分放大器，其负载可以是增强型 NMOS 有源负载，耗尽型 NMOS 有源负载，互补型有源负载（PMOS 恒流源负载），以及电流镜负载。

对 NMOS 晶体管为差分对管的差分放大器电路进行分析，与 PMOS 晶体管类似。

1. 增强型 NMOS 有源负载结构

增强型 NMOS 晶体管 M3、M4 作为 MOS 差分放大器的有源负载，如图 4.41（a）所示。

加在差分放大器输入端的差模电压 $v_{i1}-v_{i2}=v_{id}$ 作用在 M1 和 M2 的栅源之间，如果 M1 的栅源信号电压 $v_{gs1}=v_{id}/2$，则 M2 的栅源信号电压为 $v_{gs2}=-v_{id}/2$。因为信号对称，M1 和 M2 的源极电位不会随着差模输入的幅值变化而变化，即源极是交流地。

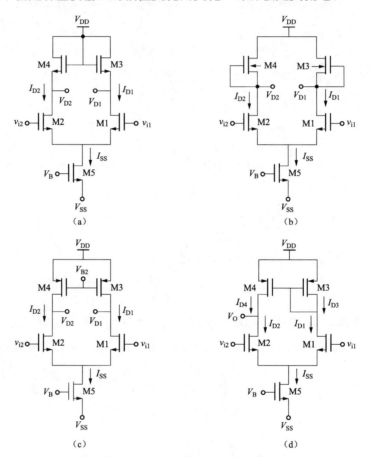

图 4.41　MOS 差分放大器电路

（a）增强型 NMOS 有源负载；（b）耗尽型 NMOS 有源负载结构；（c）PMOS 恒流源负载；
（d）PMOS 电流镜负载

分析 M1、M3 支路，因为 M1 源极位于交流地，所以，M1、M3 支路的交流放大特性和 E/E NMOS 基本放大器相同。考虑到该支路只对差模输入信号的一半进行了放大（$v_{gs1}=v_{id}/2$），因此，其交流输出 v_{d1} 为

$$v_{d1}=A_{VE}\cdot\frac{v_{id}}{2} \tag{4.58}$$

式中　A_{VE}——E/E NMOS 放大器的电压增益。

同理，对 M2、M4 支路

$$v_{d2}=A_{VE}\cdot\frac{v_{id}}{2} \tag{4.59}$$

因此，只有同时从差分放大器的两个支路取出电压信号，才是对差模信号完整的放大信号。这时，差模输出

$$v_{od} = A_{VE} \cdot v_{id} \tag{4.60}$$

如考虑衬底偏置效应的影响，M1、M2、M3 和 M4 都存在衬底偏置，这将导致 M1～M4 的实际阈值电压偏离标称值。但是，对于差模输入，M1、M2 的源极电位不变（交流地），只有负载管 M3、M4 的衬偏电压随差模输入而变化，从而导致 M3、M4 的交流电阻受衬偏效应的调制。

由此可知，E/E NMOS 差分放大器的电压增益与 E/E NMOS 基本放大器相同，电压增益为

$$A_{VEd} = \frac{v_{d2} - v_{d1}}{v_{i1} - v_{i2}} = \frac{1}{1 + \lambda_B} \sqrt{\frac{(W/L)_1}{(W/L)_3}} \tag{4.61}$$

式中 $$\lambda_B = g_{mB3}/g_{m1}$$

如果信号单端输出，则电压增益只有一半。同时，对于单端输出，必须考虑差分放大器的电压极性。如果是 v_{d1} 输出，输入端 v_{i1} 是反相输入端，v_{i2} 是同相输入端；如果是 v_{d2} 输出，输入端 v_{i2} 是反向输入端，v_{i1} 是同相输入端。

2. 耗尽型 NMOS 有源负载结构

以耗尽型 NMOS 晶体管作为差分放大器的负载，其电路如图 4.38（b）所示。从对 E/E NMOS 差分放大器的分析可以推知，E/D NMOS 差分放大器的电压增益和 E/D NMOS 基本放大器相同，即

$$A_{VDd} = \frac{v_{d2} - v_{d1}}{v_{i1} - v_{i2}} = \frac{1}{\lambda_B} \cdot \sqrt{\frac{(W/L)_1}{(W/L)_3}} \tag{4.62}$$

与 E/D NMOS 基本放大器一样，耗尽型负载放大器的电压增益大于增强型负载的电压增益。同样的原因，当单端输出时，差分放大器的有效电压增益只有一半。

3. PMOS 恒流源负载

以 PMOS 晶体管作为差分放大器的有源负载，可将 PMOS 晶体管设置成恒流源，如图 4.38（c）所示。

这里，恒流源负载管 M3、M4 没有衬底偏置效应。对这个电路的分析仍然可以借用对 PMOS 恒流源负载的基本放大器方法，并有相同的结果。

$$A_{VCd} = \frac{v_{d2} - v_{d1}}{v_{i1} - v_{i2}} = \frac{1}{\sqrt{I_{D1}}} \cdot \frac{|V_{A1}| \cdot |V_{A3}|}{|V_{A1}| + |V_{A3}|} \cdot \sqrt{2\mu_n C_{ox} (W/L)_1} \tag{4.63}$$

当单端输出信号时，其有效的电压增益也仅为差分放大器的一半。

由上分析，得到这样的结论：MOS 差分放大器双端输出的差模电压增益，等于构成它的单边放大器的电压增益；当输出电压信号取其单输出端时，等效的电压增益仅为差分放大器电压增益的一半。

4. PMOS 电流镜负载

图 4.38（d）为 PMOS 电流镜为负载的差分放大器的电路形式。由于采用的电流镜，在差分放大器中就完成了双端转单端的功能，进而不损失电压增益。

由电流镜完成双端转单端的工作原理分析如下：当差模输入信号电压使 $v_{gs1} = v_{id}/2$，$v_{gs2} = -v_{id}/2$ 时，差分对管中产生的变化电流，因为电路对称且匹配，所以改变的电流数值

是相同的，M1 电流增加 ΔI_D，M2 电流减少 ΔI_D，即产生 $-\Delta I_D$。而 M1 连接电流镜的参考支路，这使得电流镜的参考电流也增加了 ΔI_D，并因此使电流镜的输出支路电流增加 ΔI_D。同时，M2 减少了 ΔI_D，由电流镜输出支路流出的多余电流 $2\Delta I_D$ 流出输出节点，供给外部负载。反之，如果差模输入电压使 M1 减少电流 ΔI_D，即产生 $-\Delta I_D$，M2 增加电流 ΔI_D。电流镜的参考支路电流减少 ΔI_D，导致电流镜输出支路的电流供给能力减少 ΔI_D，而此时 M2 要求的电流增加 ΔI_D，那么，$2\Delta I_D$ 只能通过对外部负载的电流抽取获得。

电压增益推导如下：

在平衡点（$v_{id} \rightarrow 0$）附近，差分放大器的跨导 $G_M = \sqrt{2K_N I_{SS}}$，M1、M3（M2、M4）的输出电阻

$$r_{ds1} = \frac{|V_{A1}|}{I_{D1}} = \frac{2|V_{A2}|}{I_{SS}} \qquad r_{ds3} = \frac{|V_{A3}|}{I_{D8}} = \frac{2|V_{A3}|}{I_{SS}}$$

差分放大器的电压增益

$$A_{VCd} = G_M(r_{ds1} /\!/ r_{ds3}) = \sqrt{\frac{2K_N}{I_{SS}}} \cdot \frac{2 \cdot |V_{A1}| \cdot |V_{A3}|}{|V_{A1}| + |V_{A3}|}$$
$$= 2 \cdot \frac{1}{\sqrt{I_{SS}}} \cdot \frac{|V_{A1}| \cdot |V_{A3}|}{|V_{A1}| + |V_{A3}|} \cdot \sqrt{\mu_n C_{ox}(W/L)_1} \tag{4.64}$$

子任务2 线路分析与仿真

如图 4.42 所示，请自行分析其差分放大器电路，分析其输入输出特性，画出小信号等效电路分析增益大小。用 Cadence/Tanner 仿真软件分析电流源负载共源放大电路的瞬态特性、交/直流特性。

子任务3 版图设计与仿真（视频-MOS

画出图 4.39 所示电路的版图结构，如图 4.43 所示。

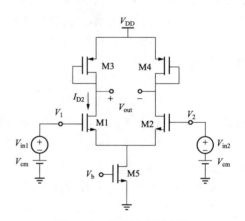

图 4.42 差分放大器电路

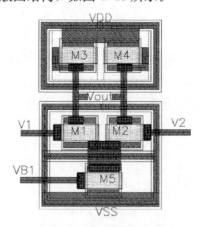

图 4.43 电路版图结构

项 目 小 结

本项目中主要讨论各种重要的基本 CMOS 放大器,作为通用的基本积木块电路,为实现复杂电路或电路系统而准备的。文中详细介绍单极放大器 CS、CD、CG、Cascode 和Fold -Cascode、差分放大器的工作原理,每种电路的结构、大信号分析和小信号分析。

巩固与提高

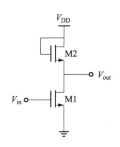

4.1 如图 4.44 所示电路,$(W/L)_1=80/0.5$,$(W/L)_2=30/0.5$,$I_{D1}=I_{D2}=2mA$,若 M2 作为二极管连接式 PMOS 器件使用,则小信号电压增益是多少?

4.2 设有源电阻负载反相器 M1 和 M2 的参数为 $W_1/L_1=W_2/L_2=5$,$C_{ox}=0.5\times10^{-7}$ F/cm²,$\mu_n=550$cm²/V,$\mu_p=225$cm²/V 及 $|V_{TH}|=1.5$V。若 $V_{DD}=10$V,$V_{IN}=2.5$V,求 I_D 和 v_{out}。此电路的小信号电压增益是多少?

图 4.44 题 4.1电路图

4.3 若 $I_D=0.1$ μA 电流时增益为-1000,PMOS 晶体管的 $W/L=1$,试比较有源电阻负载反相器,电流源负载反相器和推挽反相器的有源沟道面积。

4.4 假定图 4.45 (a) 中,差动对的参数为 $(W/L)_{1,2}=50/2$,$(W/L)_{3,4}=10/2$,$I_{SS}=0.5$mA,I_{SS}仍由 NMOS 提供,其 $(W/L)_{SS}=50/2$。

(1) 如果输入端和输出端差动信号的摆幅比较小,求允许的最大输入共模电压和最小输入共模电压。

(2) 若$V_{in.CM}=1.2$V,画出当 V_{DD} 0~3V 变化时,电路的小信号差动电压增益的草图。

4.5 对于图 4.45 中的差动对,如果 $I_{SS}=1$mA,$(W/L)_{1,2}=50/0.5$,$(W/L)_{3,4}=50/1$,计算差动电压增益。如果 I_{SS} 上的压降至少为 0.6V,求最小的允许输入共模电压。令 $V_{in.CM}$ 等于该最小输入共模电压,计算两个电路的最大输出电压摆幅。

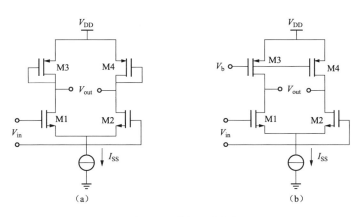

图 4.45 题 4.5 用图

4.6 假设所有的 MOSFETS 处于饱和，计算图 4.46 的每个电路的小信号电压增益（$\lambda \neq 0$，$\gamma = 0$）。

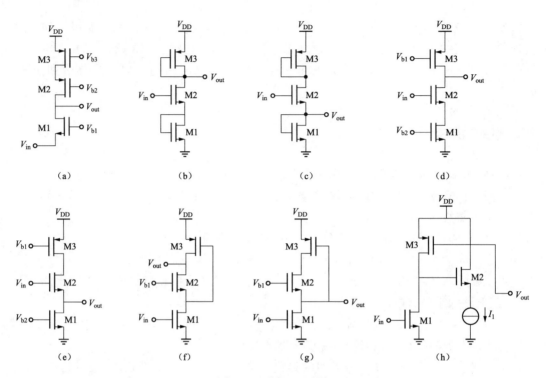

图 4.46 题 4.6 用图

4.7 P 沟输入差分放大器共模输入电压范围最差情况的计算。假设 V_{DD} 从 5V 变到 12V，计算图 4.47 所示的共模输入电压范围，假设 $I_{SS} = 50~\mu A$，$W_1/L_1 = W_2/L_2 = 5$，$W_3/L_3 = W_4/L_4 = 1$，$V_{DS} = 0.2V$。在计算中需考虑 K' 的最坏变化。

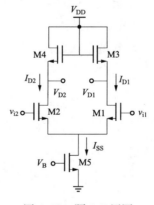

图 4.47 题 4.7 用图

项目五　运算放大器设计

 学 习 目 标

1. 掌握单极运算放大电路设计方法
2. 了解多极运放设计方法

运算放大器是模拟集成电路中最典型的电路,是许多模拟电路及混合信号系统的主要部分。它通常是由前面介绍的基本电路单元构造而成。典型的运算放大器的组成包括偏置电路、输入极(通常是差分输入极)、中间增益极和输出极等。

本项目在分析 CMOS 运算放大器结构、参数和特性的基础上,重点介绍单极运算放大器和多极运算放大器并详细设计了一个两极运算放大器。

相 关 知 识

1. 运算放大器的基本结构

理想情况下,运算放大器具有无限大的差模电压增益、无限大的输入电阻和零输出电阻。实际上,运算放大器的性能只能接近这些值。运算放大器的电路符号如图 5.1 所示。

图 5.1 中,"$-$"表示反向输入端;"$+$"表示同向输入端。

在非理想状态下,输出电压

$$V_{out} = A_v(V_1 - V_2) \qquad (5.1)$$
$$V_i = V_1 - V_2$$

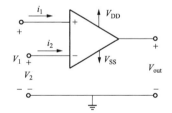

图 5.1　运算放大器符号

式中　A_v——开环差模电压增益;

　　　V_1——作用在同相端的输入电压;

　　　V_2——作用在反向端的输入电压;

　　　V_i——差分输入信号。

如果运算放大器的增益足够大,在负反馈时,运算放大器的输入端口就成为一个零子端口。零子端口对网络而言是这样的端口:当端口上的电压为 0 时,流入或流出这个端口的电流也是 0。

2. CMOS 运算放大器的主要性能指标

CMOS 高精度运算放大器的主要性能指标有高增益、低失调和低输出电阻特性。

(1)输入特性参数。高精度运算放大器的定义是指 OPA 输出结果(电压信号)的精准度,一般是以输入失调电压(V_{OS},OS＝Offset)为判定依据,美国国家半导体的定义是低于 1mV(毫伏)即属高精度运算放大器,而德州仪器的定义则是要低于 0.5mV(即 500 μV)才算是高精度 OPA。对于双极型输入极的运算放大器,V_{OS}为 ±1~10mV;对于场效应管输入极的放大器，V_{OS} 通常要大几倍。对于高精度、低漂移类型的运算放大器，V_{OS} 一般在 $\pm0.5\text{mV}$ 以下。

1）输入失调电压 V_{OS}。V_{OS} 的定义是：当运算放大器的输出直流电压为零时，在运算放大器的两输入端所加的补偿电压，在这个条件下，V_O 可写为

$$V_O(V_{OS}, V_{IC}, V_{CC}, V_{EE}, 0) = 0 \tag{5.2}$$

括弧中的"0"表示输出电流为零。从式（5.2）中可把 V_{OS} 写为

$$V_{OS} = V_{OS}(V_{IC}, V_{CC}, V_{EE}) \tag{5.3}$$

由此可见，V_{OS} 与共模输入电压、电源电压的值有关。通常所称的 V_{OS} 是电源电压取标准值以及共模输入电压为零的失调电压。

理想情况下，如果把运算放大器的两个输入都接地，则输出电压应为零。实际上，由于不对称性，运算放大器会受到输入"失调"的影响，失调也就是，如果运算放大器输入为零而其输出电压并不为零，这种由输入失调引起的情况称为随机失调。输出电压不为零还有另一个原因，第二级的输出电压没有很好地设定，导致出现系统失调。

运算放大器的失调电压可以模型化为：在一个无失调电压的运算放大器的同相输入端串联一个直流电压源。把运算放大器的反相输入端接地，对同相输入端进行扫描，可以对系统失调加以仿真，输出为零时的输入电压为输入失调电压。可利用叉指技术和共质心版图设计等方法优化版图使氧化层梯度和其他工艺偏差引起的差分输入极失配最小，从而降低随机失调。

2）输入失调电压的温度系数 $\Delta V_{OS}/\Delta T$（即温漂）。输入失调电压的温漂是反映运算放大器温度特性的重要参数。在一定的温度范围内失调电压的变化相对于环境温度变化的比值。测量中，可用下式来计算，即

$$TCV_{OS} = \frac{V_{OS}(T_2) - V_{OS}(T_1)}{T_2 - T_1} \tag{5.4}$$

此式计算的是，在温度 $T_1 \sim T_2$ 范围内，失调电压温漂的平均值。

失调电压并不是线性函数，有时失调电压随温度变化呈现非单调上升（或下降）的现象。在这种情况下，往往采用下式来计算温漂：

$$\frac{\Delta T_{OS}}{\Delta T} = \frac{(V_{OS})_{\max} - (V_{OS})_{\min}}{T_2 - T_1} \tag{5.5}$$

式中 $V_{OS(\max)}$ 和 $V_{OS(\min)}$——在 $T_1 \sim T_2$ 温度范围内失调电压的最大值和在 $T_1 \sim T_2$ 温度范围内失调电压的最小值。

3）输入偏置电流 I_b。表示当运算放大器的输出直流电压为零时，运算放大器两输入端偏置电流的平均值。即

$$I_b = \frac{I_{b+} + I_{b-}}{2} \tag{5.6}$$

式中 I_{b+} 和 I_{b-}——运算放大器的同相输入端和运算放大器的反向输入端的偏置电流。

随着温度的升高，I_b 将增大。I_b 随温度变化的特性可以用输入偏置电流的温度系数 $\Delta I_b/\Delta T$ 来描述。

（2）转移特性参数。

1）开环直流（低频）电压增益 A_{Vd}。要降低失调，就要达到足够高的开环增益。可通

过增加增益极来提高增益，通过增大输入极有源负载来提高增益，利用单管增益自举来改善增益。

运算放大器在线性工作时，加入差分信号后它的输出电压的变化与差分输入电压变化的比值。它又称为差模（直流）电压增益，即

$$A_{vd} = \left[\frac{\partial V_o}{\partial V_{id}} \right]_{V_{ic}=0} \tag{5.7}$$

一般用 $20 \lg A_{vd}$ 来表示增益值，单位是 dB（分贝）。通常，低增益运算放大器的电压增益在 $60 \sim 70$dB；中增益放大器的增益在 80dB 左右；高增益的运算放大器的电压增益在 100dB；而高精度运算放大器的增益可达 $120 \sim 140$dB。

2）共模抑制比 $CMRR$。表示运算放大器差模电压增益 A_{vd} 与共模电压增益 A_{vc} 之比，即

$$CMRR = \frac{A_{vd}}{A_{vc}} \tag{5.8}$$

一般也用 $20 \lg CMRR$ 来表示共模抑制比（单位是 dB）。

直流开环增益和共模抑制比都是频率的函数，它们都随频率的升高而变差。所以在测量时，都是加低频信号。而对于高精度运算放大器的测量，所加信号的频率则更低，几乎是直流信号。因为高精度低失调运算放大器的 -3dB 带宽很窄。

（3）运算放大器的频率参数。

1）-3dB 带宽 Δf。-3dB 带宽 Δf 是指运算放大器的开环增益 A_{vd} 的半功率点的频率，即指运算放大器的开环电压增益下降到低频时的 0.707 倍所对应的频率。

2）单位增益带宽 f_c。是指运算放大器开环电压增益下降到 0dB 时所对应的频率。

上述两个频率参数均反映的是运算放大器在小信号工作时的频率特性。

3）全功率带宽 f_p。全功率带宽 f_p 定义为，运算放大器的闭环增益为 1 时，在额定负载条件下，输入正弦信号后，在规定不失真要求下，输出电压达到最大幅度 V_{OP} 的最高频率。

4）输入电压转换速率。输入电压转换速率也称为压摆率。表示运算放大器的闭环增益为 1 时，在额定负载条件下，当输入阶跃大信号时，输出电压的最大变化率。表达式

$$f_P = \frac{S_r}{2\pi V_{OP}} \tag{5.9}$$

通用的运算放大的转换速率为 $0.5 \sim 2$V/μs，而高速运算放大器的转换速率在 $10 \sim 1000$V/μs。高精度放大器的转换速率一般都不快，因为这类运算放大器放大级数多，内部补偿网络复杂，补偿电容也较大，所以限制了它的速度。

5）建立时间 t_s。建立时间定义为，当运算放大器的闭环增益为 1 时，在额定负载条件下，输入阶跃大信号，输出电压达到规定精度的最终值所需要的时间。

（4）其他参数。静态功耗 P_W 是指运算放大器无输入信号时，它本身所消耗的静态功耗。

$$P_W = \sum_K |V_K I_K| \tag{5.10}$$

式中 V_K 和 I_K——第 K 组电源的电压和电流。

静态功耗对放大器的封装、散热及可靠性等有重要影响。

3. 运放反馈

反馈是把电子系统的输出量（I/V）的一部分或全部经一定电路送回到输入端，所以反馈电路中应包括信号检测电路与返回电路。根据反馈的来源分内部反馈和外部反馈，根据反

馈电流类型分直流反馈和交流反馈。根据反馈的作用分为正反馈和负反馈，其中正反馈（提高放大电路的放大倍数）会影响工作的稳定性，用得少，只在一些振荡器中。负反馈（降低了放大电路的放大倍数）可改变放大器性能，所以以用得多。

（1）反馈基本结构。图 5.2 显示了一个负反馈系统，包括前馈放大器、检测输出的方式、反馈网络和产生反馈误差的方式四个部分。其中，$H(s)$ 和 $G(s)$ 分别称为前馈网络和反馈网络。因为 $G(s)$ 的输出是 $G(s)H(s)$，所以 $H(s)$ 的输入为 $X(s)-G(s)Y(s)$，称为反馈误差，即

$$Y(s) = H(s)\big[X(s) - G(s)H(s)\big] \tag{5.11}$$

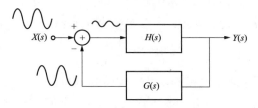

图 5.2　基本的反馈系统

放大倍数：
$$\frac{Y(s)}{X(s)} = \frac{H(s)}{1 + G(s)H(s)} \tag{5.12}$$

　　$H(s)$ —— "开环" 传输函数；

$Y(s)/X(s)$ —— "闭环" 传输函数；

　　$H(s)$ ——放大器；

　$G(s)$ ——一个与频率无关的量，输出信号的一部分被检测并与输出信号相比较，产生一个误差项。

输入信号幅值很小，可以认为是"虚地"的。

设计良好的负反馈系统能使误差项很小，能使 $G(s)$ 的输出成为系统输入的精确复制，因此使系统的输出成为输入的按比例可靠复制。$G(s)$ 可用一个与频率无关的量 β 代替，β 为反馈系数，实数且不大于 1。

（2）负反馈放大器的类型。如图 5.3 所示，根据放大器输入和输出信号的不同，定义以下四种结构。

1）电压放大器：输入与输出信号均为电压信号，闭环增益无量纲量。

2）电流放大器：输入与输出信号均为电流信号，闭环增益无量纲量。

3）跨导放大器：输入为电压信号，而输出为电流信号，闭环增益的量纲为导纳。

4）跨阻放大器：输入为电流信号，而输出为电压信号，闭环增益的量纲为电阻。

所以根据以上定义，CS 既可作电压放大器，也可作跨导放大器，CG 既可作电流放大器，也可作跨阻放大器。

对于不同的放大器所采用的信号检测与返回机理不同，但所检测的信号应与输出信号类型一致，存在两种类型：①检测电压信号的电路，必须具有高输入阻抗（像一个电压表），而检测电流信号的电路必须具有低输入阻抗（像一个电流表）；②产生电压信号的电路必须具有低输出阻抗（像一个电压源），而产生电流信号的电路，必须具有高输出阻抗（像一个电流源）。

应该注意：跨阻抗和跨导放大器的增益分别具有电阻和电导的量纲。例如，跨阻放大器

的增益为 $2k\Omega$，即对 1mA 的输入能产生 2V 的输出。如图 5.3 所示，如果放大器输入电流为 I_{in}，则跨阻 $R_o = V_{out} / I_{in}$。

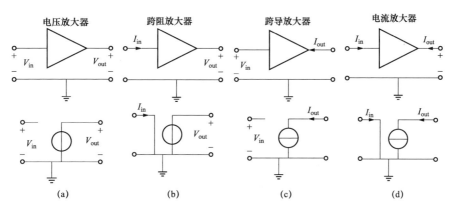

图 5.3 放大器及理想模型
(a) 电压放大器；(b) 跨阻放大器；(c) 跨导放大器；(d) 电流放大器

图 5.4 是每种放大器简单的实现电路。图 5.4 (a) 是一个共源极，它检测和输出电压信号；图 5.4 (b) 是一个共栅极，作为跨阻放大器，它把源极电流信号转换为漏极电压信号；图 5.4 (c) 是一个共源晶体管，作为跨导放大器，它检测输入的电压信号并输出电流信号；图 5.4 (d) 是一个共栅器件，它检测和输出电流信号。这些电路在许多应用中可能得不到满意的性能，如图 5.4 (a) 和图 5.4 (b) 所示电路的输出阻抗较高，所以改进。图 5.5 是四种放大器电路的改进，它们改变了输出阻抗，或者提高了增益。

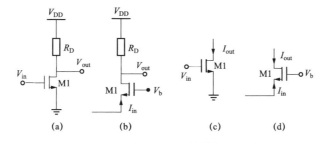

图 5.4 四种放大器的简单实现电路
(a) 共源极；(b) 共栅极；(c) 共源晶体管；(d) 共栅器件

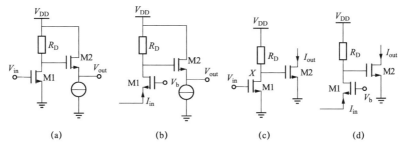

图 5.5 四种放大器的改进结构
(a) 共源极；(b) 共栅极；(c) 共源晶体管；(d) 共栅器件

（3）负反馈结构。

1）电压 - 电压反馈。如图 5.6 所示。这种情况下，一个理想的反馈网络的输入阻抗是无穷大的，输出阻抗是零，这是因为它检测和产生的都是电压信号，于是可以写出 $V_F = \beta V_{out}$，$V_e = V_{in} - V_F$，$V_{out} = A_0(V_{in} - \beta V_{out})$，则

$$\frac{V_{out}}{V_{in}} = \frac{A_0}{1 + \beta A_0} \tag{5.13}$$

可以看出，βA_0 是环路增益，且总增益减小到 A_0 的 $1/(1 + \beta A_0)$，在这里 A_0 和 β 均为无单位的量。

作为电压 - 电压反馈的一个简单例子，假设用单端输出的差动电压放大器作为前馈放大器，用一个电阻分压器作为反馈网络，如图 5.7 所示。分压器检测输出电压，并将它的一部分作为反馈信号 V_F，并与放大器的输入串联，以实现两个电压相减。

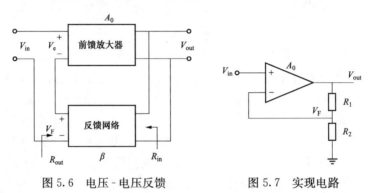

图 5.6　电压 - 电压反馈　　　　　　图 5.7　实现电路

2）电流 - 电压反馈。在一些电路中，需要通过检测输出电流来实现反馈，或者这样做更为简单。实际上，在输出端串联一个小电阻，利用电阻上的压降作为反馈信号就可以检测电流。这个电压甚至可以直接作为在输入端相减的反馈信号。

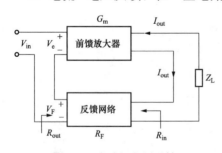

图 5.8　电流 - 电压反馈

图 5.8 所示为电流、电压反馈系统。由于反馈网络检测输出电流并反馈一个电压，因此它的反馈系数 β 具有电阻的单位，记为 R_F（注意：输出端的负载 Z_L 为有限值，以使 $I_{out} \neq 0$）。所以可以写出 $V_F = R_F I_{out}$，$V_e = V_{in} - R_F I_{out}$，则有 $I_{out} = G_m(V_m - R_F I_{out})$，由此得

$$\frac{I_{out}}{V_{in}} = \frac{G_m}{1 + G_m R_F} \tag{5.14}$$

在这种情况下，一个理想的反馈网络的输入和输出阻抗都是零。

3）电压 - 电流反馈。在这种类型的反馈中，检测输出电压，并将一个与其成比例的电流返回到输入的求和结点。

注意：前馈通路包含一个增益为 R_0 的跨阻放大器，并且反馈系数具有电导的单位。

图 5.9 是一个电压 - 电流反馈结构。由于反馈网络能够检测电压并产生电流，因此它的特性可由跨导 g_{mF} 表示。理想情况下，输入阻抗和输出阻抗无限大。由于 $I_F = g_{mF} V_{out}$，$I_e = I_{in} = I_F$，有 $V_{out} = R_0(I_{in} - g_{mF} V_{out})$，于是得到

$$\frac{V_{out}}{I_{in}} = \frac{R_0}{1 + g_{mF}R_0} \qquad (5.15)$$

环路增益为 $g_{mF}R_0$，这种反馈使跨阻降低到原值的 $1/(1 + g_{mF}R_0)$。

4）电流-电流反馈。图 5.10 为电流-电流反馈，前馈放大器的特性用电流增益 A_1 表示，反馈网络的特性用电流系数 β 表示。利用前面的推导方法，读者很容易证明：闭环电流增益等于 $A_1/(1 + \beta A_1)$，输入阻抗将除以 $1 + \beta A_1$，而输出阻抗将乘以 $1 + \beta A_1$。

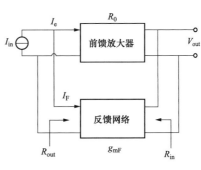

图 5.9 电压-电流反馈

图 5.11 是一个电流-电流反馈的例子。由于电路中 M2 的源电流和漏电流相等（在低频时），源端网络中可通过电阻 R_S 检测输出电流。

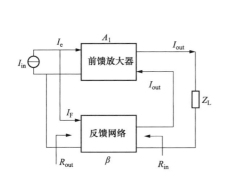

图 5.10 电流-电流反馈

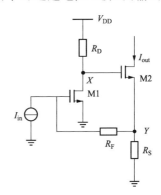

图 5.11 实现电路

任务一 单级运算放大器设计

任务要求

1. 了解单级运算放大器电路的基本结构
2. 了解基本原理分析方法
3. 能在 Cadence/Tanner 环境中设计电路图、仿真验证
4. 能在 Cadence/Tanner 环境中设计版图并仿真验证

子任务 1 基本原理分析

如图 5.12 所示为单端输出和差动输出单级运算放大器结构。M1、M2、M3、M4 及电流源 I_{ss} 构成了一个差分放大器，C_L 为负载。

由前面内容可知，该运算放大器的开环差分增益为

$$A_d = -g_{mN}(r_{ON}//r_{OP}) \qquad (5.16)$$

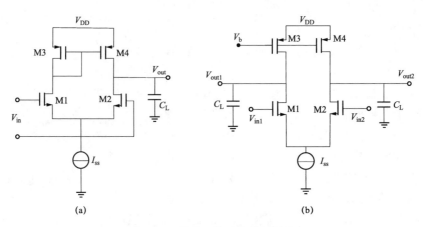

图 5.12　简单运算放大器的结构

(a) 单端输出；(b) 差动输出

式中　　g_{mN}——M1 和 M2 NMOS 的跨导；

r_{ON}——M1、M2 NMOS 的输出电阻；

r_{OP}——M1、M2 或 M3、M4 PMOS 的输出电阻。

要提高增益，可进一步利用图 5.13 所示单端输出和差动输出的共源共栅结构（Telescope - Cascode）。

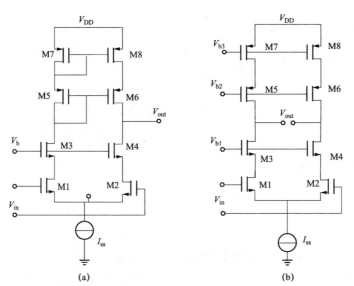

图 5.13　Telescope - Cascode 运算放大器结构

(a) 单端输出；(b) 差动输出

（视频 - OP5_1a 套筒运算放大器，OP5_1b 套筒运算放大器）

这些电路的小信号增益

$$A_d = g_{mN}[(g_{mN} r_{ON}^2)//(g_{mp} r_{OP}^2)] \tag{5.17}$$

但减小了输出摆幅和增加了极点。如图 5.13（b）中，输出摆幅为 $2[V_{DD} - (V_{OD1} + V_{OD3} + V_{CSS} + | V_{OD5} | + | V_{OD7} |]$，这里 V_{ODj} 表示 Mj 的过驱动电压。

这种运算放大器的另一个明显缺点是很难用输入、输出短接方式实现单位增益缓冲器。

由于以上缺点,电路结构加以改进,可以采用折叠式共源共栅运算放大器(Folded - Cas-code),如图 5.14 所示。在 NMOS 或 PMOS 共源共栅放大器中,输入管用相反型号的晶体管替换,替换后的器件仍能够把输入电压转换成电流。M1 所产生的小信号电流依次流过 M2 和负载,产生的输出电压约等于 $g_{m1}V_{in}$。这种折叠结构的主要优点在于对电压电平的选择,因为它在输入管上端并不层叠一个共源共栅管。

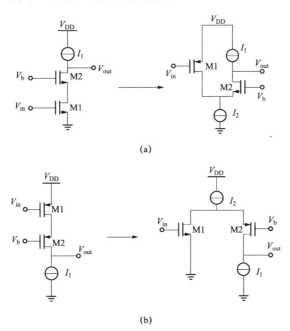

(a)

(b)

图 5.14 Folded - Cascode 运算放大器结构
(a) NMOS 输入;(b) PMOS 输入

图 5.14 所描述的折叠思想可以很容易应用到差动对管以及运算放大器中,如图 5.15 所示最终的电路用相应的 PMOS 替代了 NMOS 输入对管。这两个电路有两个主要差别:

(1)如图 5.15(a)中,一个偏置电流 I_{SS} 供给输入管和共源共栅管,而 5.15(b)中,输入对管要求外加偏置电流,即 $I_{SS1}=I_{SS}/2+I_{D3}$,因此,折叠结构需要消耗更大的功率。

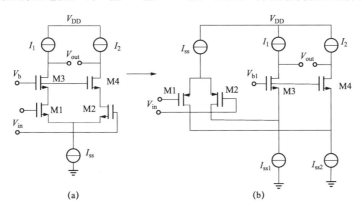

(a)   (b)

图 5.15 Folded - Cascode 运算放大器结构
(a) NMOS 输入差分;(b) PMOS 输入差分

（2）如图 5.15（a）中，输入共模电平不能超过 $V_{b1}-V_{GS3}+V_{TH1}$，而在图 5.15（b）中，它不能低于 $V_{b1}-V_{GS3}+|V_{THP}|$。因此，能够把图 5.15（b）中的电路设计成允许它的输入端和输出端相连，且能忽略摆幅的限制。所以把图 5.15（b）中，M1 和 M2 的 n 阱与它们的共源点相连接。

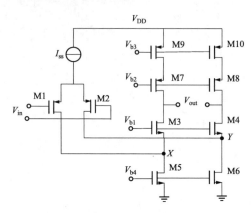

图 5.16   以 PMOS 为负载的 Folded - Cascode 运算放大器结构

为了得到最大电压输出摆幅，下面计算图 5.16 所示的折叠式共源共栅运算放大器。如图 M5～M10 代替了图 5.15（b）中的理想电流源。如适当选取 V_{b1} 和 V_{b2}，保证所有 MOS 管都工作在饱和区，以确保高增益，其开环最低输出电压 $V_{omin}=V_{OD3}+V_{OD5}$，最高输出电压 $V_{omax}=V_{DD}-(|V_{OD7}|+|V_{OD9}|)$，所以开环输出电压摆幅 $V_{DD}-(V_{OD3}+V_{OD5}+|V_{OD7}|+|V_{OD9}|)$。然而要注意在保证较小寄生电容时，要求 M5 与 M6 的过驱动电压增大，以便提高大电流。

由于 Folded - Cascode 运算放大器两条支路完全对称，所以可采用半电路来分析小信号增益，如图 5.17 所示，增益可写成 $|A_v|=G_m R_o$，因此求出等效跨导与输出阻抗就可求出该电路的增益。

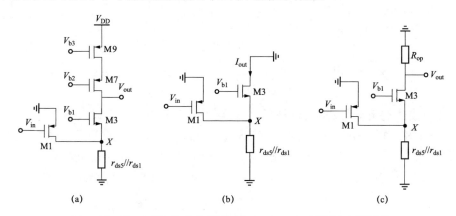

图 5.17   以 PMOS 为负载的 Folded - Cascode 运算放大器结构
（a）半边分析电路；（b）半边局部电路；（c）等效电路

1. G_m 的求解

如图 5.17（b）所示的半边电路的输出短路电流近似等于 M1 的漏电流，因为由于从 M3 的源极看进去的阻抗 $(g_{m3}+g_{mb3})^{-1}//r_{ds3}$ 明显低于 $r_{ds1}//r_{ds5}$，因此知 $G_m \approx g_{m1}$。

2. R_o 的求解

从图 5.17（c）所示的等效电路可得，$R_{op} \approx (g_{m7}+g_{m9})r_{ds7}r_{ds9}$，所以可得

$$R_o \approx R_{op} // (g_{m3}+g_{mb3})r_{ds3}(r_{ds1} // r_{ds5}) \tag{5.18}$$

3. 小信号电压增益

求解出等效跨导与等效输出电阻后，即可求出电路的小信号电压增益为

$$|A_v| \approx g_{m1}\{[(g_{m3}+g_{mb3})r_{o3}(r_{ds1} // r_{ds5})] // [(g_{m7}+g_{mb7})r_{ds7}r_{ds9}]\} \tag{5.19}$$

对于相类似的器件尺寸与偏置电流，PMOS 输入差分对与 NMOS 差分对相比具有较小的跨导，并且，r_{ds1} 与 r_{ds5} 并联，特别是由于 M5 流过输入器件和级联支路的电流，减小了输出阻抗，故折叠式级联运算放大器的增益比类似的级联增益小 2～3 倍。

用 NMOS 管作为折叠级联运放的输入对管，如图 5.18 所示。

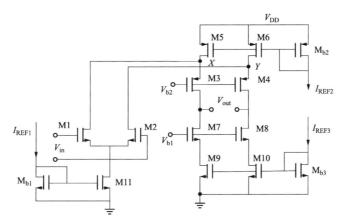

图 5.18　以 NMOS 为输入差分对的 Folded - Cascode 运算放大器结构
（视频 - OP5 _ 1d 折叠式运算放大器）

由于 NMOS 器件具有较大的迁移率，所以该电路的电压增益较大，但这是以降低在折叠点的极点为代价的。实际上，对于类似的偏置电路图 5.18 中的 M5 - M6 可能比图 5.16 中的 M5 - M6 的宽度大几倍。

Folded - Cascode 总的压摆高于 Telescope - Cascode 结构。这个优点是以高功耗、小电平增益级低极点频率、高噪声为代价的。但由于 Telescope - Cascode 结构的输入与输出可以短接且输入共模电平易于选择，所以应用非常广泛。而且 Folded - Cascode 是控制输入共模电平接近电源供给的一端电压容易选取。用 NMOS 输入对可使输入共模电平为 V_{DD}，而使用 PMOS 输入对的相似结构可以使输入共模电平为零。

Folded - Cascode 和 Telescope - Cascode 结构也可设计单端输出结构，如图 5.19 所示。图 5.19（a）中 PMOS 共源共栅电流镜把 M3 和 M4 的差动电流转换成单端输出的电压。这种结构中，$V_X = V_{DD} - |V_{GS5}| - |V_{GS7}|$，$V_{out}$ 的最大值限制为 $V_{DD} - |V_{GS5}| - |V_{GS7}| + |V_{TH6}|$，在输出摆幅中少了一个 PMOS 管的阈值电压。所以为解决这个问题可修改成图 5.19（b）所示的结构，并使 M7 和 M8 被偏置在线性区边缘。当然这种方法也可以用在 Folded - Cascode 结构中。

图 5.19（a）对于图 5.13（b）而言存在两个缺点，首先，它只能提供输出摆幅的一半；其次，它在 X 点存在一个镜像极点，限制了放大器反馈系统的速度。所以全差动结构更加优越。

子任务 2　线路分析与仿真

如图 5.20 所示，请自行分析图中所示共源共栅放大器电路，分析其输入/输出特性，画出小信号等效电路，分析增益大小。用 Cadence/Tanner 仿真软件分析电流源负载共源放大电路的瞬态特性、交/直流特性。

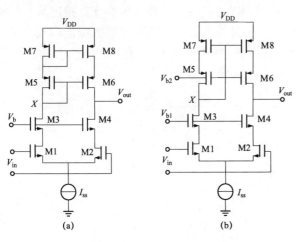 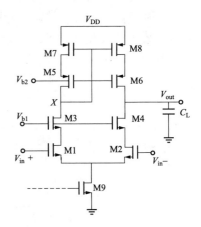

图 5.19   单端输出的 Cascode 运算放大器结构   图 5.20   共源共栅放大器电路图

(a) 结构 1；(b) 结构 2

子任务 3   版图设计与验证（视频 - OP5_1c 套筒运算放大器）

画出图 5.21 所示的电路版图结构。

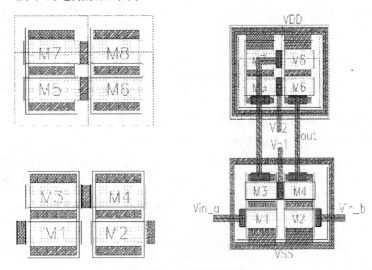

图 5.21   电路版图结构

任务二   两级 CMOS 运算放大器设计

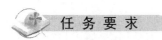   任 务 要 求

1. 了解两级运算放大器电路的基本结构

2. 了解基本原理分析方法
3. 能在 Cadence/Tanner 环境中设计电路图、仿真验证
4. 能在 Cadence/Tanner 环境中设计版图并仿真验证

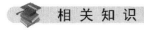 **相 关 知 识**

1. 运算放大器结构

运算放大器是模拟电路设计中用途最广、最重要的模块。大量的具有不同复杂程度的运算放大器用来实现各种功能，从直流偏置的产生到高速放大或滤波。运算放大器是具有足够正向增益的放大器（受控源），当加负反馈时，闭环传输函数与运算放大器的增益几乎无关。利用这个原理可以设计出很多有用的模拟电路和系统。对运算放大器最主要的一个要求是有一个足够大的开环增益以符合负反馈的概念。单级放大器大多数没有足够大的增益，因此多数 CMOS 运算放大器采用两级或多级增益。最常用的运算放大器是两级运算放大器。图 5.22 是常用的两级运算放大器的框图。

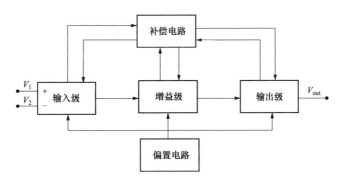

图 5.22　常用的两级运算放大器的框图

图 5.22 的框图描述了运算放大器的重要组成部分。CMOS 运算放大器在结构上非常类似于双极型运算放大器。

输入级：由差动放大电路组成，有时会提供一个差分到单端的转换。利用它的对称性可以提高整个电路的共模抑制比，可以改善噪声和失调性能。

增益级：这一级的主要作用是提高电压的增益差分至单端的转换，如果差分输入级没有完成，那么这个工作应该由这级来完成。

输出级：输出级一般由源极跟随器或推挽放大器组成，用于降低输出电阻维持大的信号摆幅。

偏置电路：主要用于为每只晶体管建立适当的静态工作点。

补偿电路：在运算放大器加负反馈时，保持整个电路工作的稳定。

从基本单元模块的讨论可知，CMOS 结构比其他的 MOS 电路更适合作模拟电路。利用 CMOS 中的互补晶体管结构，可以方便地直接把双极型模拟集成电路转变为同类的 CMOS 模拟集成电路。图 5.23 是一个具有两级放大的 CMOS 运算放大器电路。这个运算放大器电路由五个基本电路单元模块组成：偏置电路、差分放大电路、源极跟随器、推挽输出级和频

率补偿网络。基本的偏置电路包括 M10、M11 和 M5。其中，M10、M11 为 M5、M6 NMOS 比例电流镜提供参考电流，其输出支路 M5 为差分放大级提供了恒流源负载，同时，与之相连的 M6 也为源极跟随器提供了恒流源负载。运放第一级差分放大器由 M1～M5 组成，其中 M5 是恒流源负载。以 NMOS 晶体管 M1、M2 作为差分输入对管，以 PMOS 管 M3、M4 基本电流镜作为差分放大级的有源负载完成双转单。M7、M6 构成 NMOS 的源跟随器电路，为运放第二级实现电平位移，并为 M8、M9 提供静态偏置。V_{GS7} 确定了 M8、M9 的栅极直流电压的差值，它使 M8、M9 构成的推挽输出级。因为是恒流源负载的源跟随结构，交流信号在 M8、M9 上近似相等。源极跟随器的直流电平的位移量 ΔV 由 M7 的静态电流 I_{DS7} 和 M7 的尺寸决定。

$$\Delta V = V_{GS} = V_{TN} + \sqrt{\frac{I_{DS7}}{K_N'(W/L)_7}} \tag{5.20}$$

在电流一定的情况下，只要改变 M7 的宽长比即可改变直流电平的位移量。

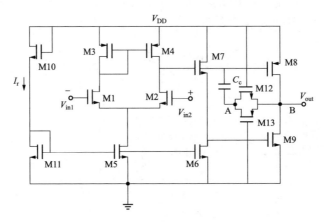

图 5.23　两级 CMOS 运放电路

　　M8、M9 组成推挽放大器，构成输出级，它们同时接受来自差分输入级的信号，两者互为负载，但同时又都是放大管。其工作原理与 CMOS 推挽放大级类似。当输入电压正向变化时，M9 的电流增加，M8 电流减少，负载电流由 M9 提供，输出电压呈负向变化；反之，当输入电压呈反向变化时，M9 电流减少，M8 电流增加，负载电流（流入放大器）由 M8 提供，输出电压呈正向变化。M12、M13 构成 CMOS 传输对，起电阻作用，和电容 C_c 组成频率补偿网络。它们跨接在输出放大级的输入端与输出端之间，利用密勒效应提高它们的等效阻抗，$r_{AB} \approx 1/g_m$，g_m 是 M12、M13 的跨导。满足频率补偿的要求。

　　2. 运算放大器稳定性和补偿
　　由于运算放大器是由两级或多级放大器级联构成的高增益放大器，输入信号与输出信号的相位关系在高频时会发生较大相移，如果在闭环（负反馈）状态下使用，低频时的负反馈在高频时可能变成正反馈，将导致运算放大器自激振荡。因此，必须考虑运算放大器的高频特性，并进行相应的相位补偿，以此保证运算放大器在负反馈下能稳定工作。

闭环系统稳定性原理分析。在引入负反馈后，从图 5.22 看出其闭环增益为式 (5.21)，反馈系数 β 是一个与频率无关的量且 $\beta \leqslant 1$，当输入信号（电压或电流）一定时，负反馈就能使放大器的增益保持稳定。A 代表运算放大器在开环状态下的小信号差模电压增益，即开环增益，X 和 Y 分别为运算放大器在负反馈（即闭环）状态下的输入电压和输出电压。

$$\frac{Y}{X} = \frac{A}{1+\beta A} = \frac{1}{\dfrac{1}{A}+\beta} \tag{5.21}$$

如果运算放大器开环增益 A 足够大，那么闭环增益 $Y/X \approx 1/\beta$。因此运算放大器负反馈状态下，闭环增益主要由反馈因子 β 决定，与开环增益 A 几乎无关。

βA 称为环路增益，是反馈系统中的一个很重要的量。从式（5.21）可以看出，βA 越大，闭环增益 Y/X 对 A 的变化越不敏感。另一方面，可以通过增大 A 或 β 来使闭环增益更加精确。注意：如果 β 增加，闭环增益 $Y/X \approx 1/\beta$ 就会减小，因此最好在闭环增益和精确度之间进行折中。换句话说，对一个高增益的放大器，可应用负反馈使闭环增益降

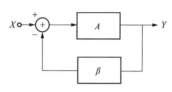

图 5.24 简单的反馈系统

低，但其灵敏度也会降低。这里得出的另一个结论是反馈网络的输出 $Y = XA/(1+\beta A)$，此值由于 βA 远大于 1 而接近于 A。

在该负反馈结构中，反馈信号与输入信号相位相差 $180°$ 反相关系，但是当输入信号频率增高，寄生电容影响增大，使放大器增益下降，同时输入 - 输出电压间的相位关系发生变化。由于运算放大器由两级或多级放大器级联构成，而单极放大器最大相移可达 $90°$，所以输入 - 输出电压间总相移会达到或超过 $180°$，负反馈变成正反馈，从而导致运算放大器自激振荡，工作不稳定。而运算放大器输入信号中可能包含各种高频成分和高频噪声，它们是导致运算放大器自激振荡的主要激励因素。因此，需要采用频率补偿电路来保证电路始终在负反馈状态下工作。

考察式（5.21），如有一个高频频率，输入 - 输出电压之间的总相移使得 $\beta A(j\omega) = -1$ 时，闭环增益趋于无穷大，运算放大器产生自激振荡，$\beta A(j\omega)$ 为运算放大器环路增益 (loop - gain)。反馈系数 β 为常数，与频率无关，产生自激震荡的条件是

$$\begin{cases} |\beta A(j\omega)| = 1 \\ \angle A(j\omega) = -180° \end{cases} \tag{5.22}$$

即环路增益为 1（0dB），相位 $180°$。

为了使闭环系统任何时候都保持稳定，式（5.22）就要在任何频率下都不成立。所以闭环系统稳定的工作条件为

$$\text{当 } |\beta A(j\omega)| = 1 \text{，并且 } \angle A(j\omega) < -180° \tag{5.23}$$

或者

$$\text{当 } |\beta A(j\omega)| < 1 \text{，并且 } \angle A(j\omega) = -180° \tag{5.24}$$

该关系可以用图 5.25 表示。

如图 5.25，定义闭环系统的相位裕度（phase marge，PM）为 $PM = 180° - \angle A(j\omega)$（当 $20\lg|\beta A(j\omega)| = 0$ 时），即环路增益降低到 0dB 时，输入 - 输出电压之间的总相移与

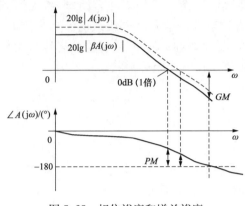

图 5.25　相位裕度和增益裕度

180°的差值，相位裕度越大，环路增益的相移越小，反馈系统越稳定。同时，定义闭环系统的增益裕度（gain marge，GM）为 $GM = 20\lg$ $|\beta A$（jω）$|$（当 $\angle A$（jω）$= 180°$时），即当输入 - 输出电压之间总相移达到 180°时对应的环路增益。从图 5.25 可知，对于稳定的闭环系统（即相位裕度大于零），增益裕度应为负值，增益裕度的绝对值越大，表示环路增益在达到 180°相移时的增益越小（小于 0dB，无放大作用），负反馈系统越稳定。

由于反馈系数 β 是与频率无关的常数，并且 $\beta \leqslant 1$，因此，环路增益 βA（jω）的振幅小于或等于开环增益 A（jω），从图 5.25 可知，它们的相位特性相同。当全反馈即 $\beta = 1$ 时，闭环系统稳定性最差，只需要考虑开环增益 A（jω）的相位裕度，当开环增益的相位裕度满足设计要求时，在任何负反馈条件下，闭环系统都能够稳定工作。

注意：由于闭环系统频率特性和负载特性紧密相关，因此考察闭环系统的相位裕度时必须加入负载模型。

图 5.26 表示一个稳定系统的波特图。图中当增益曲线下降到 0dB 时，相位曲线变化了 $-110°$，距离变化 $-180°$的临界条件还有 70°的裕度，这就是相位裕度。一般来说，一个系统的相位裕度在 60°左右，稳定性和响应速度有了较好的折中。

相位补偿方法。运算放大器由两级或多级放大器级联构成，每级放大器至少包含一个极点，而每个极点产生的最大相移为 90°。因此，当高频时环路增益总相移可能达到或超过 180°，此时如环路增益的振幅大于 0dB，则相位裕度变为零，即在低频时的负反馈在高频时变为正反馈，闭环系统就不能稳定工作，因此需要相位补偿，使环路增益具有足够的相位裕度以保证系统稳定工作。

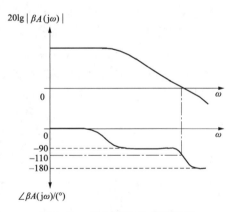

图 5.26　稳定系统的相位裕度

1）米勒补偿法。最常见的补偿方式是米勒补偿，是电路中广泛存在米勒效应的补偿方式，如图 5.27 所示，C_m 跨接在放大器两端，如果图 5.27（a）、（b）两图等效，那么

$$C_1 = (1 + A_V)C_m, C_2 = \left(1 + \frac{1}{A_V}\right)C_m \tag{5.25}$$

如果放大器增益 $A_V \gg 1$，那么

$$C_1 \approx A_V C_m, C_1 \approx C_m \tag{5.26}$$

也就是说，在图 5.28 中的两级放大器示意图中，在第一级放大器输出端用一个小电容建立对地的大电容，将第一级放大器的输出极点推向低频，成为主极点，而第二级放大器的输出极点基本保持不变。图 5.29 为两级运算放大器结构中加入米勒补偿电容 C_m，图 5.30

为其小信号模型。

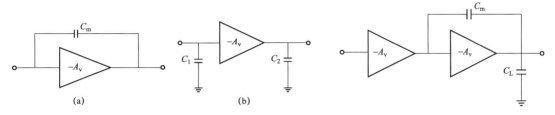

图 5.27 米勒效应

(a) 结构 1；(b) 结构 2

图 5.28 米勒补偿

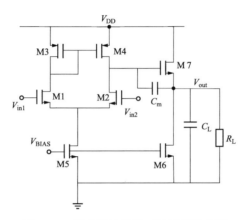

图 5.29 带米勒补偿的两级运算放大器

根据图 5.30 的两级运算放大器小信号模型计算放大器的传输函数

$$A_V(s) = \frac{g_{m1,2}g_{m7}R_1R_L\left(1 - s\dfrac{C_m}{g_{m7}}\right)}{1 + s\left[R_1(C_1 + C_m) + R_L(C_1 + C_m) + g_{m2}R_1R_LC_m\right] + s^2R_1R_L(C_1C_L + C_1C_m + C_LC_m)} \tag{5.27}$$

注意：其中的 $g_{m1,2}$ 和 g_{m7} 即为第一级和第二级的跨导。为进一步了解其内涵，假设 $g_{m7}R_1R_7C_m \gg R_1$（$C_1 + C_m$），$g_{m7}R_1R_LC_m \gg R_L$（$C_L + C_m$），那么式（5.27）可以化简为

$$A_V(s) \approx \frac{g_{m1,2}g_{m7}R_1R_L\left(1 - s\dfrac{C_m}{g_{m7}}\right)}{1 + sg_{m7}R_1R_LC_m + s^2R_1R_L(C_1C_L + C_1C_m + C_LC_m)} \tag{5.28}$$

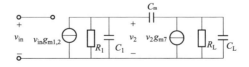

图 5.30 带米勒补偿两级运算放大器的小信号模型

假设主极点和次极点的频率相距较远，那么可近似得到

$$P_1 \approx -\frac{1}{g_{m7}R_1R_LC_m} \tag{5.29}$$

$$P_2 \approx - \frac{g_{m7} C_m}{C_1 C_L + C_1 C_m + C_L C_m} \tag{5.30}$$

如果 $C_L \gg C_1$，$C_m \gg C_1$，那么 P_2 可以简化为

$$P_2 \approx - \frac{g_{m7}}{C_L} \tag{5.31}$$

和未补偿前比较，可以认为第一级和第二级放大器输出极点为

$$P_{10} \approx - \frac{1}{R_1 C_1} \tag{5.32}$$

$$P_{20} \approx - \frac{1}{R_L C_L} \tag{5.33}$$

通过密勒补偿主极点频率减少了 $g_{m7} R_L C_m / C_1$ 倍，次极点频率增加了 $g_{m7} R_L$ 倍。这就是极点分裂现象，如图 5.31 所示。

上面计算过程中，将放大器的传输函数求解出后，得到系统零极点表达式。下面才有米勒等效方式来计算极点。将图 5.30 的小信号模型等效为图 5.32 所示的小信号模型。

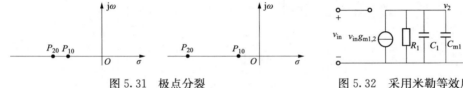

图 5.31　极点分裂　　　　　　　　图 5.32　采用米勒等效后的小信号模型

在图 5.32 中，有以下关系：

$$C_{m1} = g_{m7} R_L C_m \tag{5.34}$$

$$C_{m2} = C_m \tag{5.35}$$

那么系统极点频率

$$P_1 \approx - \frac{1}{R_1 C_{m1}} = - \frac{1}{R_1 R_L C_m g_{m7}} \tag{5.36}$$

$$P_2 \approx - \frac{1}{R_1 (C_L + C_{m2})} \tag{5.37}$$

因此可以看到，如果采用米勒效应来计算电路的零极点分布，能够对主极点频率进行较准确地预测，但是不能对电路零点频率和次极点频率有效预测。

2）控制零点的米勒补偿。在式（5.27）中，可见米勒补偿电路中包含一个右半平面的零点，该零点大小为

$$Z = \frac{g_{m7}}{C_m} \tag{5.38}$$

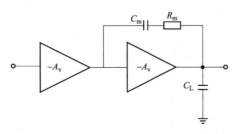

由于右半平面的零点在波特图中起到提升增益曲线，增大相位变化的作用，因此，右半平面零点实际上降低了系统的稳定性。消除右半平面零点的电路，如图 5.33 所示。

在图 5.33 中的电路中，通过与 C_m 串联一个电阻 R_m，使零点频率变为

图 5.33　消除右半平面零点的米勒补偿电路

$$Z = \frac{1}{C_m\left(\dfrac{1}{g_{m7}} - R_m\right)} \tag{5.39}$$

因此，可以通过调整 R_m 的值，使得零点频率远在带宽之外。也可以通过将 R_m 值设计得比 $1/g_{m7}$ 大，使得右半平面零点移动到左半平面零点，从而改善系统的稳定性。

子任务1 无缓冲CMOS两级放大器设计

设计一个 CMOS 两级放大器（见图 5.34），分析其输入-输出特性、增益大小和共模特性（见表 5.1），要求满足所给指标要求，并用 Cadence/Tanner 仿真软件分析电路的交/直流特性。

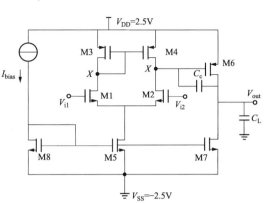

图 5.34 CMOS 两级放大器

满足以下指标如下：

$A_v = 5000\text{V/V}(74\text{dB})$ $V_{DD} = 2.5\text{V}$ $V_{SS} = -2.5\text{V}$

$GB = 5\text{MHz}$ $C_L = 10\text{pF}$ $SR > 10\text{V/μs}$

$V_{out} = \pm 2\text{V}$ $ICMR = -1 \sim 2\text{V}$ $P_{diss} \leqslant 2\text{MW}$

相位裕度：60°

表 5.1 典型的无缓冲CMOS运算放大器特性

边界条件	要求
工艺规范	见表5.1、表5.2
电源电压	$\pm 2.5(1\pm 10\%)\text{V}$
电源电流	100mA
工作温度范围	0~70℃
特性	要求
增益	$\geqslant$70dB
增益带宽	$\geqslant$5MHz
建立时间	$\leqslant 1\,μs$
摆率	$\geqslant 5\text{V/μs}$
ICMR	$\geqslant \pm 1.5\text{V}$
CMRR	$\geqslant$60dB
PSRR	$\geqslant$60dB
输出摆幅	$\geqslant \pm 1.5\text{V}$
输出电阻	无，仅用于容性负载
失调	$\leqslant \pm 10\text{mV}$
噪声	$\leqslant 100\text{nV}\sqrt{\text{Hz}}$（1kHz时）
版图面积	$\leqslant 5000\times$（最小沟道长度）^{2}

常用的物理常数见表 5.3。

表 5.2 **0.5μm 工艺库提供的模型参数**

工艺参数	V_{TH0}	t_{ox}	μ_0
NMOS	0.7016	1.28E - 8	405.257
PMOS	-0.9508	1.24E - 8	219.5
单位	V	m	$cm^2/V*S$

表 5.3 **常 用 的 物 理 常 数**

常数符号	常数描述	值	单位
KT	室温下	4.144×10^{-21}	J
ε_0	自由空间介电常数	8.854×10^{-14}	F/cm
ε_{0x}	二氧化硅的介电常数	3.5×10^{-13}	F/cm

一、两级放大电路的电路分析

图 5.34 中有多个电流镜结构，M5、M8 组成电流镜，流过 M1 的电流与流过 M2 的电流 $I_{d1,2} = I_{d3,4} = I_{d5}/2$，同时 M3、M4 组成电流镜结构，如果 M3 和 M4 管对称，那么相同的结构使得在 x、y 两点的电压在 V_{in} 的共模输入范围内不随着 V_{in} 的变化而变化，为第二极放大器提供了恒定的电压和电流。如图 5.34 所示，C_C 为引入的米勒补偿电容。

利用表 5.2、表 5.3 中的参数

$$C_{ox} = \varepsilon_{ox}/t_{ox}$$
$$K' = \mu_0 C_{ox}$$

计算得到

$$K'_N \cong 109\ \mu A/V^2$$
$$K'_P \cong 61\ \mu A/V^2$$

1. 电压增益

第一级差分放大器的电压增益

$$A_{v1} = \frac{g_{m1}}{g_{ds2} + g_{ds4}} \tag{5.40}$$

第二级共源放大器的电压增益

$$A_{v2} = \frac{g_{m6}}{g_{ds6} + g_{ds7}} \tag{5.41}$$

所以二级放大器的总的电压增益

$$A_v = A_{v1}A_{v2} = \frac{g_{m1}}{g_{ds2} + g_{ds4}} \frac{g_{m6}}{g_{ds6} + g_{ds7}} = \frac{2g_{m2}g_{m6}}{I_5(\lambda_2 + \lambda_4)I_6(\lambda_6 + \lambda_7)} \tag{5.42}$$

2. 选择补偿电容

相位裕度定义为 $PM = 180° + \beta H(\omega = \omega_1)$，当 $PH=60°$ 时，反馈系统的阶跃响应出现小的减幅振荡现象，可提供加速稳定。对于更大相位裕度，虽然系统更加稳定，但时间响应减慢了，因此 $PH=60°$ 通常是最合适的相位裕度。而对于一个两极点、一右半平面零点的系统，如果它的零点在 10 倍的单位增益带宽之外，那么要得到 60° 的相位裕度，第二个极点必须在 2.2 倍的单位增益带宽之外。因此，补偿电容的最小值为 $C_c > (2.2/10)C_L = 0.22(10\mathrm{pF}) = 2.2\mathrm{pF}$ 。

3. 设计器件尺寸和支路电流

根据共模输入范围，在最大输入情况下，考虑 M1 处在饱和区，有

$$V_{DD} - V_{SG3} - V_n \geqslant V_{IC\,(max)} - V_n - V_{TN1} \Rightarrow V_{IC(max)} \leqslant V_{DD} - V_{SG3} + V_{TN1} \tag{5.43}$$

在最小输入情况下，考虑 M5 处在饱和区，有

$$V_{IC(min)} - V_{SS} - V_{GS1} \geqslant V_{Dsat5} \Rightarrow V_{IC(min)} \leqslant V_{SS} + V_{GS1} + V_{Dsat5} \tag{5.44}$$

而电路的一些基本指标有：

$$GB = A_v p_1$$

式中　GB——单位增益带宽；

　　　p_1——3dB 带宽。

$$p_1 = -\frac{g_{m1}}{A_v C_C} \tag{5.45}$$

$$p_2 = -\frac{g_{m6}}{C_L} \tag{5.46}$$

$$z_1 = \frac{g_{m6}}{C_C} \tag{5.47}$$

$$GB = \frac{g_{m1}}{C_C} \tag{5.48}$$

CMR 分析：

$$正的\ CMR\ V_{in}(最大) = V_{DD} - \sqrt{\frac{I_5}{\beta_3}} - |V_{T3}|_{(max)} + V_{T1(min)} \tag{5.49}$$

$$负的\ CMR\ V_{in}(最小) = V_{SS} + \sqrt{\frac{I_5}{\beta_1}} + |V_{T1}|_{(max)} + V_{DS5(饱和)} \tag{5.50}$$

相位裕量有

$$\Phi_M = \pm 180° - \arctan\left(\frac{GB}{|p_1|}\right) - \arctan\left(\frac{GB}{|p_2|}\right) - \arctan\left(\frac{GB}{|z_1|}\right) \tag{5.51}$$

即得到　$\Phi_M = \pm 180° - \arctan(A_V) - \arctan\left(\frac{g_{m1} C_C}{g_{m6} C_L}\right) - \arctan\left(\frac{g_{m1}}{g_{m6}}\right) \tag{5.52}$

由此可以看出，需得到较大的相位裕量，必须使得 g_{m1}/g_{m6} 足够小才行。

由于补偿电容最小值为 2.2pF，因此为了获得足够的相位裕量可以选定 $C_C = 3\mathrm{pF}$。由摆率指标和 C_C 可以算出 $I_{d5} = 3 \times 10^{-12} \times 10 \times 10^6 = 30$（μA）（为了一定的裕度，取 $I_{bias} = 40\mathrm{μA}$），则可以得到 $I_{d1,2} = I_{d3,4} = I_{d5}/2 = 20\mathrm{μA}$。

下面用 ICMR 的要求计算 $(W/L)_3$

$$\left(\frac{W}{L}\right)_3 = \frac{I_5}{(K'_3)(V_{DD} - V_{SG3} + V_{TN1})^2} \cong 11/1$$

所以有 $\left(\dfrac{W}{L}\right)_3 = \left(\dfrac{W}{L}\right)_4 = 11/1$

由 $GB = \dfrac{g_{m1}}{C_C}$ ，$GB = 5\mathrm{MHz}$，可以得到：

$$g_{m1} = 5 \times 10^6 \times 2\pi \times 3 \times 10^{-12} = 94.2(\mathrm{μs})$$

即可以得到 $(W/L)_1 = (W/L)_2 = \dfrac{g_{m1}^2}{2K_N' I_1} \cong 2/1$

用负 ICMR 公式计算 V_{Dsat5}，由式（5.50）可以得到下式

$$V_{IC,min} = V_{SS} + V_{GS1} + V_{Dsat5}$$

如果 V_{DS5} 的值小于 $100\mathrm{mV}$，可能要求相当大的 $(W/L)_5$，如果 V_{Dsat5} 小于 0，则 ICMR 的设计要求可能太过苛刻，因此，可以减小 I_5 或者增大 $(W/L)_5$ 来解决这个问题，为了留一定的裕量，通常取 $V_{IC,min} = -1.1\mathrm{V}$ 为下限值进行计算。

$$V_{Dsat5} = V_{IC,min} - \left(\frac{I_5}{\beta_1}\right)^{\frac{1}{2}} - V_{TN1} - V_{SS}$$

则可以得到的 V_{Dsat5} 进而推出

$$S_5 = (W/L)_5 = \frac{2(I_5)}{K_5'(V_{Dsat5})^2} \cong 11/1$$

即有 $(W/L)_5 = (W/L)_8 \cong 11/1$

为了得到 $60°$ 的相位裕量，g_{m6} 的近似值最小是输入级跨导 g_{m1} 的 10 倍。设 $g_{m6} = 10$，为了达到第一级电流镜负载（M3 和 M4）的正确镜像，要求 $V_{SG4} = V_{SG6}$，图中 x、y 点电位相同

可以得到 $(W/L)_6 = (W/L)_4 \dfrac{g_{m6}}{g_{m4}} = 64/1$

进而由 $g_{m6} = \sqrt{2K_P'(W/L)_6 I_{d6}}$ 可以得到直流电流

$$I_{d6} = I_{d7} = \frac{g_{m6}^2}{2K_6'(W/L)_6} = \frac{g_{m6}^2}{2K_6' S_6} = 113.7\mu A$$

同样由电流镜原理可以得到

$$(W/L)_7 = \frac{I_{d7}}{I_{d5}}(W/L)_5 = 32/1$$

二、指标的仿真和测量

电路基本元件的 spice 网表

. lib'c：\synopsys\h05mixddst02v231. lib' tt

m1 $x vin\ vn\ vss\ mn\ w = 2\ \mu l = 1\ \mu$

m2 $y\ v\ vin\ vn\ vss\ mn\ w = 2\ \mu l = 1\ \mu$

m3 $x\ x vdd\ vdd\ mp\ w = 11\ \mu l = 1\ \mu$

m4 $y\ x vdd\ vdd\ mp\ w = 11\ \mu l = 1\ \mu$

m5 $vn\ 3\ vss\ vss\ mn\ w = 11\ \mu l = 1\ \mu$

m6 $vout\ y\ vdd\ vdd\ mp\ w = 64\ \mu l = 1\ \mu$

m7 $vout\ 3\ vss\ vss\ mn\ w = 32\ \mu l = 1\ \mu$

m8 $3\ 3 vss\ vss\ mn\ w = 11\ \mu l = 1\ \mu$

Iref $vdd\ 3\ 40\ \mu$

Vdd $vdd\ 0\ dc\ 2.5$

Vss $vss\ 0\ dc\ -2.5$

Vin $vin\ 0\ dc\ 0$

. end

1. DC 分析

V_{OUT}、M5 管电流、M7 管电流、V_x 与 V_y 与输入共模电压变化的关系如图 5.35 所示。

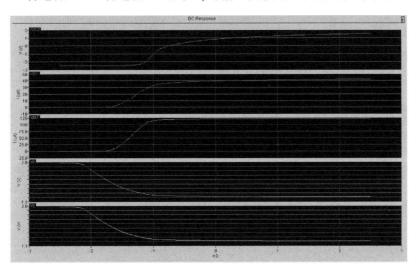

图 5.35 V_{OUT}、M5 管电流、M7 管电流、V_x 与 V_y 与输入共模电压变化的关系

（1）$V_{ss} < v_{in} < V_{th} + V_{ss}$。

M1、M2、M3、M4 工作在截止区。由于 MOS 管宽长比的设定而使得 M1、M2、M3、M4 都工作在截止区时点 $V(x)$、$V(y)$ 的电压大约在 1.95V，因此 M6 的 V_{sg} 小于其阈值电压，M6 处于截止状态。此时 M5、M7 的 V_{gs} 相等为定值，即为 M8 与电流源内阻的分压，且大于其阈值电压，故 M5、M6 管应当处于饱和或者线性区，而此时 V_{ss} 的电流接近 40μA，即接近 I_{ref}，所以 M5、M7 管电流接近 0，因此可以得到 M5、M7 管都处于线性区。

（2）$V_{in} > V_{th} + V_{ss}$。

M3、M4 工作在饱和区。而由于此时电流不是很大，导致 $V_{SG3,4}$ 不是很大，这样导致 V_x 的电压还是比较高，所以 M1、M2 工作在饱和区。这个时候由于 M5 的电流不是很大，仍然工作在线性区，即这时 M1、M2、M3、M4 都工作在饱和区，M5 工作在线性区，M6 会随着 V_x 电压的下降而导通。而刚开始导通时，V_{out} 比较小（这是由于 M7 管此时仍然处于线性区，V_{ds7} 较小），V_{ds6} 较大而使得 M6 管工作在饱和区。

随着 V_{in} 的进一步增大，M5 的电流增大，M5 的漏极电压也随着增大，最后一直到 M1、M2、M3、M4、M5 都工作在了饱和区，而此时 V_y 的电压变得恒定了。

2. 测量输入共模范围

运算放大器常采用如图 5.36 所示的单位增益结构来仿真运放的输入共模电压范围，即把运算放大器的输出端和反相输入端相连，同相输入端加直流扫描电压，从负电源扫描到正电源。得到的仿真结果如图 5.37、图 5.38 所示（利用 MOS 管的 GD 极性相反来识别放大器的同相端与反相端）。

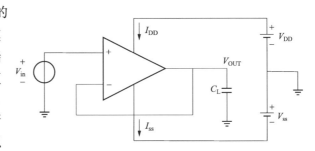

图 5.36 测量输入共模范围的原理图

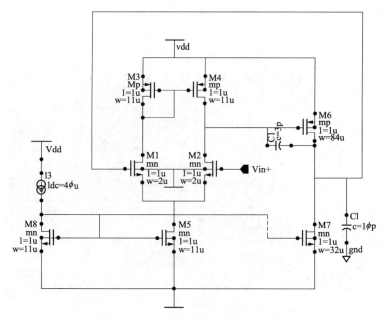

图 5.37　测量输入共模范围电路仿真图

从图 5.38 中可以得到,输入共模电压范围满足设计指标(－1~2V)的要求。

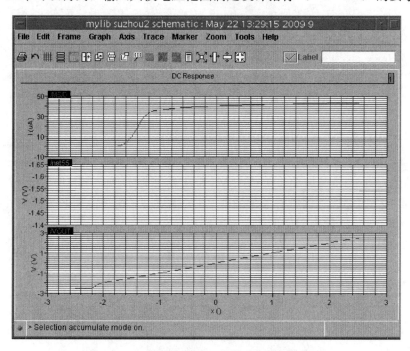

图 5.38　运算放大器输入共模电压范围仿真图

3. 测量输出电压范围

在单位增益结构中,传输曲线的线性受到 ICMR 的限制。若采用高增益结构,传输曲线的线性部分与放大器输出电压摆幅一致,图 5.39 为反相增益为 10 的结构,通过 R_L 的电流会对输出电压摆幅产生很大的影响,这里选取 $R_L=50\text{k}\Omega$,$R=60\text{k}\Omega$。图 5.40 为仿真电路图,图 5.41 为输出电压的范围。

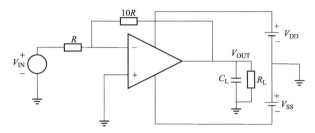

图 5.39 测量输出电压范围的原理图

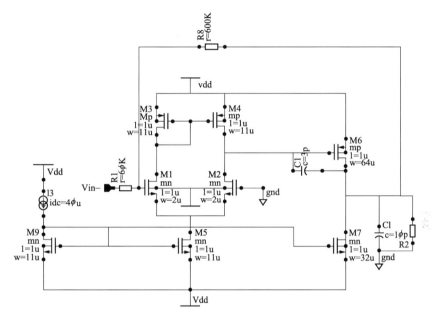

图 5.40 测量输出电压范围的电路图

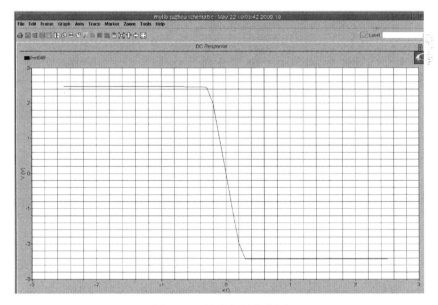

图 5.41 输出电压的范围

可以看出，输出电压摆率大概在−2～2V，基本满足要求。

4. 测量增益与相位裕度

相位裕度是电路设计中的一个非常重要的指标，用于衡量负反馈系统的稳定性，并能用来预测闭环系统阶跃响应的过冲，定义：运放增益的相位在增益交点频率时（增益幅值为1的频率点为增益交点），与−180°相位的差值。

测量增益与相位裕度的电路原理如图 5.42 所示。运算放大器的交流小信号分析如图 5.43 所示。

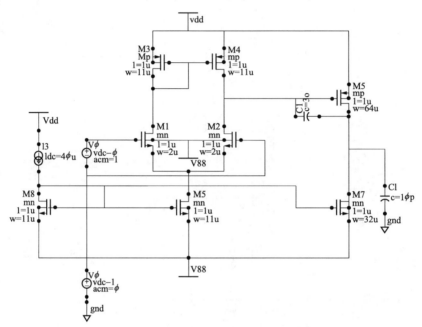

图 5.42   测量增益与相位裕度的电路原理图

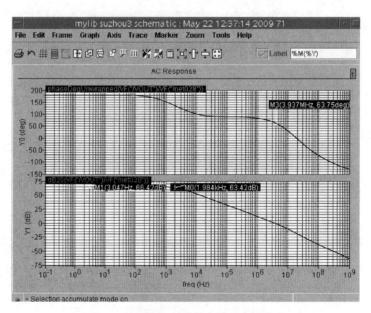

图 5.43   运算放大器的交流小信号分析

从图5.43可以看出，相位裕度63°，增益66dB，增益指标未达到，单位增益带宽仅有4GB左右。

5. 电路存在的问题与解决方法

（1）共模输入范围的下限可以进一步提高。观察计算过程发现它主要由M5管来确定。为了能够使范围下限更小，则加大M5管的宽长比，以降低M5管的饱和电压，这样M7和M8的宽长比也要按比例往上调。当$W/L=50/1$时可以实现指标。此时$(W/L)_7=144/1$、$(W/L)_8=(W/L)_5=50/1$。这样输入共模范围指标就提高了。

（2）g_{m6}并不足够大，需要加大M6管的宽长比来实现。以保证g_{m6}能够尽可能地大于$10g_{m1}$，从而实现良好的相位裕度。可以通过加大M7管来加大电流以达到增加g_{m6}的目的。当然，也可以增加M6管的宽长比来实现。同时单位增益带宽过低，可以通过提高g_{m1}来提高GB的值，但要注意给g_{m6}带来的负面影响。

（3）增益不够大，只有约66dB。关于这一点，根据表达式，有几种解决的方案：①可以加大M1和M6管的宽长比，以增大g_{m1}和g_{m6}；②可以增加M1、M4、M6、M7中管子的沟道长度（宽和长同比例增加）来增加各级的输出电阻。但是同比例增加M4管宽和长要注意第三极点的位置（在x点处存在镜像极点），宽和长的同比例增加会使得镜像极点位置减小，这是因为管子的面积增大使得寄生电容加大。另外，还可以减小M7管的宽长比，以减小I_{d7}来提高增益。

需要解决的问题，需要加大M6的宽长比（对以上三方面都有正向作用），但是仅仅加大M6的宽长比，对于增益方面还不够，还需要加大M1的宽长比，使得g_{m1}增加，这样GB值的问题也得到解决。

综合以上问题的分析，采用增加M6的宽长比（1，2，3），增加M7管宽长比（3），同比例加大M1、M2、M3、M4、M6管的宽和长（3），最终得到：

表5.4　　　　　　　　　运放中功率管的计算值与仿真值

MOS管	W/L（计算值）（μm）	W/L（仿真值）（μm）
M1、M2	2/1	8/2
M3、M4	11/1	22/2
M5、M8	11/1	50/1
M6	64/1	21/2
M7	32/1	225/1

6. 修改电路后的AC分析

在共模输入电压分别为−1、+2V以及0V的条件下做交流小信号分析，得到低频小信号开环电压增益的幅频与相频特性曲线，如图5.44～图5.46所示。

表5.5　　　　　　　三种共模输入电压下的运放小信号分析

共模电压	0V	2V	−1V
低频增益	80.91	73.12dB	73.21dB
GB	5.44MHz	5.681MHz	5.681MHz
相位裕度	59.82°	58.44°	58.45°

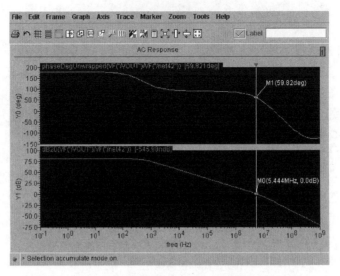

图 5.44　dc＝0V 时的小信号仿真，增益为 80.91 dB

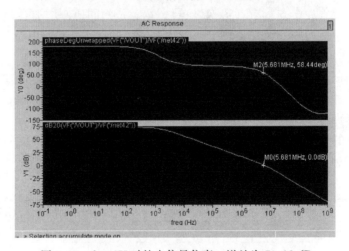

图 5.45　dc＝2V 时的小信号仿真，增益为 73.12 dB

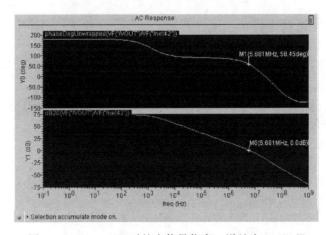

图 5.46　dc＝-1V 时的小信号仿真，增益为 73.21dB

7. 电源电压抑制比测试

因为在实际使用中的电源也含有纹波，在运算放大器的输出中引入很大的噪声，为了有效抑制电源噪声对输出信号的影响，需要了解电源上的噪声是如何体现在运算放大器的输出端的。把从运算放大器输入到输出的差模增益除以差模输入为 0 时电源纹波到输出的增益定义为运算放大器的电源抑制比，$V_{DD}=0$，$V_{in}=0$ 指电压源和输入电压的交流小信号为 0，而不是指它们的直流电平，如图 5.47 所示。注意：电路仿真时，认为 MOS 管都是完全一致的，没有考虑制造时

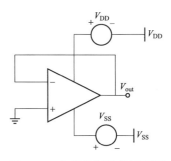

图 5.47 电源抑制比的原理图

MOS 管的失配情况，因此仿真得到的 $PSRR$ 都要比实际测量时好，因此在设计时要留有余量，如图 5.48 所示。

$$PSRR = \frac{A_V\,|\,v_{DD=0}}{A_{DD}\,|\,v_{in=0}} \tag{5.53}$$

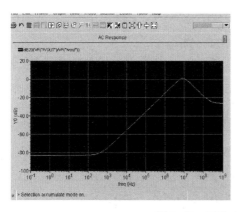 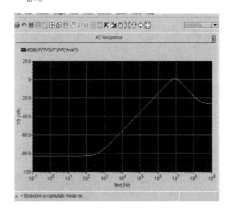

图 5.48 正负 $PSRR$ 的测试结果

可以计算出低频下正电源抑制比（$PSRR^+$）为 83.24dB，负电源抑制比为（$PSRR^-$）为 83.24dB。

8. 运算放大器转换速率和建立时间分析

转换速率是指输出端电压变化的极限，它由所能提供的对电容充放电的最大电流决定。一般来说，摆率不受输出级限制，而是由第一级的源/漏电流容量决定。建立时间是运算放大器受到小信号激励时输出达到稳定值（在预定的容差范围内）所需的时间。较长的建立时间意味着模拟信号处理速率将降低。

为了测量转换速率和建立时间，将运算放大器输出端与反相输入端相连，如图 5.49 所示，

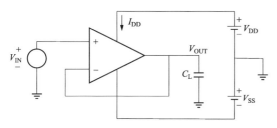

图 5.49 摆率和建立时间的测量方法

输出端接 10pF 电容，同相输入端加高、低电平分别为 +2.5V 和 -2.5V，周期为 10μs 无时间延迟的方波脉冲。因为单位增益结构的反馈最大，从而导致最大的环路增益，所以能用做最坏情况的测量，因此采用这种结构来测量转换速率和建立时间，如图 5.50 所示。得到的仿真图如图 5.51 所示。可以看出，建

立时间约为 $0.5\mu s$，在图 5.51 中波形的上升或下降期间，由波形的斜率可以确定摆率。经过计算得到，上升沿的转换速率 SR^+ 为 $11.6V/\mu s$，下降沿的转换速率 SR^- 为 $10.5V/\mu s$。

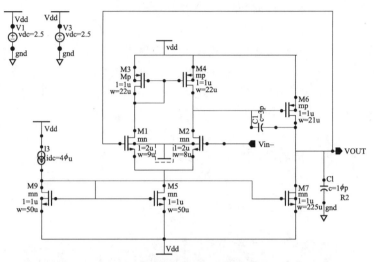

图 5.50　测量摆率和建立时间的电路图

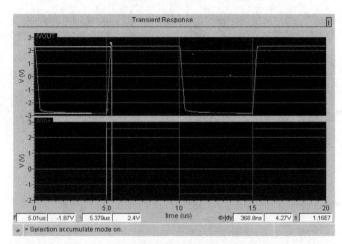

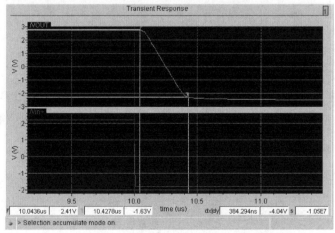

图 5.51　摆率与建立时间的仿真图

9. CMRR 的频率响应测量

差动放大器的一个重要特性就是其对共模扰动影响的抑制能力，实际上，运算放大器既不能是完全对称的，电流源的输出阻抗也不可能是无穷大的，因此共模输入的变化会引起电压的变化，V_{OUT}、$V_{IN,CM}$ 是指共模输出端和共模输入端的交流小信号，而不是它们的直流偏置电压。绘制电路图时，无法体现由于制造产生的不对称性，因此采用保留余量的方法。注意：同相反相端须加入相同的小信号电压 V_{CM}。

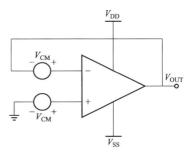

图 5.52　测试 CMRR 的原理图

$$CMRR = \frac{A_V}{A_{CM}} A_{CM} = \frac{V_{OUT}}{V_{IN,CM}} \tag{5.54}$$

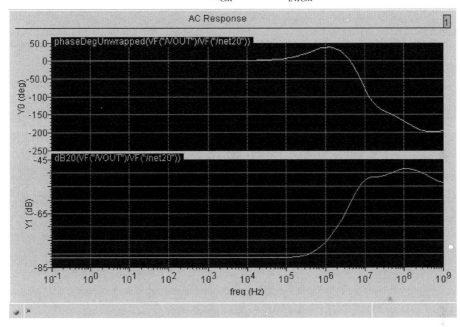

图 5.53　放大器的 CMRR 的频率响应曲线

从图 5.53 中可以得到电路的共模抑制比为 81.5dB。在 100kHz 以下，CMRR 是相当大的。可以看出，PSRR 在高频处开始退化，这也是两级无缓冲运算放大器的缺点。

简单二级运算放大器的设计流程，主要目的是通过对基本运算放大器模块的仿真分析，提高学生分析电路和使用工具软件的能力。还有一些分析优化工作没有做，在上面的电路补偿方面我们利用的是米勒补偿。通过对它相频曲线的仿真发现，3dB 带宽很小仅有 500Hz 左右。补偿电阻的引入可以使得主极点更加接近原点。为了拓宽 3dB 带宽，应该使用调零补偿，因此调零补偿可进一步完成。

表 5.6 　　　　　　　　　　　　　　设计指标与仿真结果

特性（电源电压±2.5V）	设计	仿真结果
开环增益（A_v）	>5000	80.91dB
SR（V/μs）	>10	$SR^+ = 11.6, SR^- = 10.5$

续表

特性（电源电压±2.5V）	设计	仿真结果
V_{out} 范围（V）	$-2\sim2$	$-2\sim2.1$
P_{diss}（mW）	<2	1.38
ICMR	$-1\sim2V$	$-1.1\sim2.3$
Phase	$60°$	$64°$
$PSRR^+(0)(dB)$	$\geqslant60dB$	83.24
$PSRR^-(0)(dB)$	$\geqslant60dB$	83.24
$CMRR$（dB）	$\geqslant60dB$	81.5

子任务2　两级运算放大器版图设计（视频 - OP5＿2二级运算放大器）

两级运算放大器电路版图结构，如图5.54～图5.56所示。

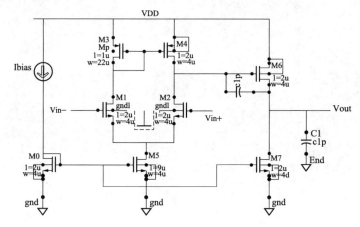

图5.54　两级运算放大器电路图

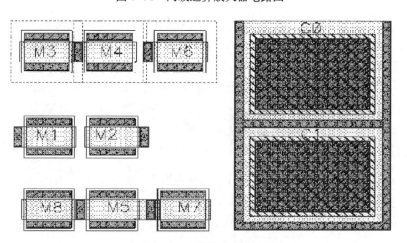

图5.55　器件布置图

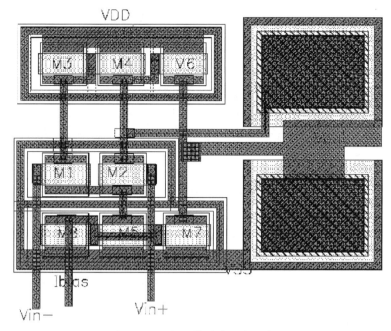

图 5.56 两级运算放大器完整版图

目前常用的运算放大器结构有套筒式共源共栅、折叠式共源共栅、两级运算放大器和增益提高电路。为获得对运算放大器良好的运用，比较它们各方面的性能是有益的，表 5.7 对典型运算放大器性能进行比较。

表 5.7　　　　　　　　　　　　　　典型运算放大器性能比较

运算放大器结构	增益	输出摆幅	速度	功率损耗	噪声
套筒式共源共栅	中	中	高	低	低
折叠式共源共栅	中	中	高	中	中
两级运算放大器	高	高	低	中	低
增益提高电路	高	中	中	高	中

套筒式共源共栅运算放大器和折叠式共源共栅运算放大器属于一级运算放大器，适用于中精度场合。为了提高增益或输出摆幅，可以采用两级运算放大器或增加一个辅助运算放大器来解决提高增益和输出摆幅的矛盾。但前者会减小带宽，增加功率损耗，速度较低，后者的最大缺点在于电路复杂性和功率损耗的增加。折叠式结构共模输入范围大，但是噪声比套筒式和两级结构大。套筒式共源共栅结构功率损耗较低，但因其输入输出共模电平不能相同，给实际电路设计带来困难。结合某两种或多种运算放大器结构的特点，又有套筒级联 OTA，特点是增益高，频率特性较好，功率损耗较低；折叠级联 OTA，输入输出动态范围更大，其频率特性和前者相近，但是功率损耗更大。

运算放大器的增益若太小，则不能保证精度的要求，带宽过小不能满足过采样的速度要求，增益和带宽的要求又是相互制约的，为获得更优的性能，同时需要保证低噪声和低功率损耗，所以需要在不同电路结构中合理选择运算放大器。

項 目 小 结

通过对运算放大器的分析可以看出，运算放大器的各种性能参数之间相互关联。因此，在实际运算放大器设计中需要把所需达到的性能指标体现到相应的电路和器件参数中，从而设计出满足要求的运算放大器。图 5.57 给出了运算放大器的设计流程。

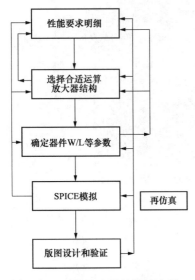

图 5.57　运算放大器的设计流程

本项目主要介绍了运算放大器的一些性能指标和主要参数，分析了多种单级运算放大器的基本结构，并进行了性能比较。这些运算放大器的结构各有特点，在增益、速度、输出摆幅、功率损耗、噪声等方面进行比较，可知：

增益：增益放大运算放大器与多级运算放大器占优势。

速度：伸缩式级联运算放大器为最快，折叠式级联运算放大器次之，而多级运算放大器较低。

输出摆幅：多级运算放大器最高。

噪声：伸缩式与多级运算放大器都较小。

功耗：伸缩式运算放大器最低，增益放大运算放大器最高。

由于运算放大器的输出共模电平不易控制，所以一般采用了共模负反馈电路，同时也介绍了反馈基本概念、共模反馈原理、共模电平测量电路、比较电路等。在单端输出的运算放大器中，不需 CMFB，但可提高模拟抑制比。差分电路中需要用 CMFB。

巩固与提高

5.1　$V_{DD}=3V$ 的条件下，对图 5.58 做如下计算要求：

（1）推导工作在线性区的 MOSFET 的跨导和输出电阻的表达式。

（2）$(W/L)_{1\sim4}=30/1$，$I_{ss}=3mA$，输入 CM 电平为 1.3V。所以如果晶体管都保持在饱和区，则计算小信号增益和最大输出摆幅。

5.2　在图 5.59 的电路中，设 $(W/L)_{1\sim4}=50/1$，$I_{ss}=1mA$，$V_b=2V$，$\gamma=0$。

（1）如果 M5～M8 完全相同，且长度均为 1 μm，计算它们的最小栅宽，以使 M3 工作在饱和区。

（2）计算最大输出电压摆幅。

（3）开环电压增益是多少？

5.3　设计图 5.60 中折叠式共源共栅运算放大器，

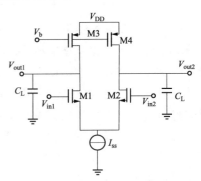

图 5.58　题 5.1 用图

要求其最大差动摆幅为 3V，总功率损耗＝6mW。所以如果晶体管的沟道长度均为 1 μm，总的电压增益是多少？输入共模电平能低到零？

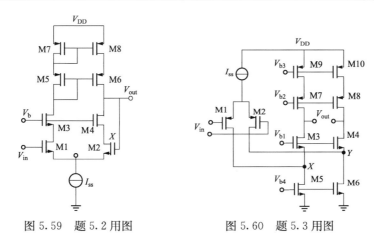

图 5.59 题 5.2 用图   图 5.60 题 5.3 用图

5.4 设计图 5.61 的运算放大器，要求符合下列条件：最大差动摆幅＝4V，总功率损耗＝6mW，$I_{ss}＝0.5mA$。

5.5 基于图 5.62 的电路设计一个两级运算放大器，假设功率损耗为 5mW，要求的输出摆幅为 2.5V，对所有器件 $L_{eff}＝0.5\mu m$。

（1）如果分配 1mA 的电流给输出极，分配大约相等的过驱动电压给 M5 和 M6，请确定 $(W/L)_5$ 和 $(W/L)_6$。注意：M5 的栅源电容处在信号通路中，而 M6 的电容不是。因此 M6 可以比 M5 大得多。

（2）计算输出极的小信号增益。

（3）如果剩下的 1mA 电流通过 M7，要求 $V_{GS3}＝V_{GS5}$，请确定 M3（以及 M4）的宽长比。这是为了保证：当 $V_{in}＝0$ 以及 $V_X＝V_Y$ 时，则 M5 传输预计的电流。

（4）计算 M1 和 M2 的宽长比，以使该运算放大器的总增益等于 500。

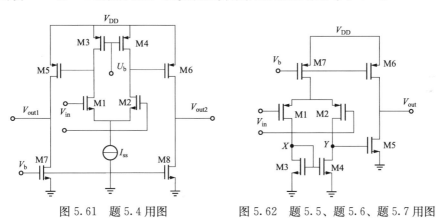

图 5.61 题 5.4 用图   图 5.62 题 5.5、题 5.6、题 5.7 用图

5.6 图 5.62 的运算放大器，假定第二级的偏置电流为 3mA，该级提供的电压增益为 30。

（1）确定 $(W/L)_5$ 和 $(W/L)_6$，使 M5 和 M6 有相等的过驱动电压。

（2）如 M6 被驱动进入线性区 50mV，这级的小信号增益是多少？

5.7 如图 5.62 运算放大器接成单位增益反馈，假设 $|V_{GS7}－V_{TH7}|＝0.2V$，则

（1）求输入电压的范围。

（2）输入电压为何值时，输入电压和输出电压精确相等。

项目六　基准源设计

　学 习 目 标

1. 掌握基准源性能参数
2. 掌握 MOS 管型基准源结构和基本分析方法
3. 掌握带隙基准源基本原理和设计方法
4. 了解非线性高阶补偿方法

模拟集成电路中，理想的基准电压或电流应不受电源、工艺和温度变化的影响，在电路中提供稳定的电压和电流模块，它们给其他电路提供合适的稳定的静态偏置，使电路能够稳定地工作在期望状态。本项目中主要讨论 CMOS 技术中电压基准的产生及基本原理，并介绍常用的带隙电压基准源电路结构，以及衡量带隙电压基准性能的方法，最后给出了一种低温漂带隙电压基准设计案例。

　相 关 知 识

基准参考源是模拟电路设计中不可或缺的一个单元模块，其性能对电路功能和系统都有显著影响。所以明确基准参考源的性能指标对设计高性能基准参考源是非常有必要的。基准电路需要尽可能地降低基准参考源的主要性能指标，包括灵敏度、精度、温度系数、电源抑制比和噪声等。

一、灵敏度

灵敏度（Sensitivity）是指在规定的电源电压范围内，单位电源电压的变化引起基准电压变化的百分数，也称为线调整率。它反映的是基准电压变化相对电源变化的直流误差量。

$$S_{V_{\mathrm{DD}}}^{V_{\mathrm{REF}}} = \frac{\partial V_{\mathrm{REF}}/V_{\mathrm{REF}}}{\partial V_{\mathrm{DD}}/V_{\mathrm{DD}}} \times 100\% = \frac{V_{\mathrm{DD}}}{V_{\mathrm{REF}}} \frac{\partial V_{\mathrm{REF}}}{\partial V_{\mathrm{DD}}} \times 100\% \tag{6.1}$$

二、精度

精度（Accuracy）是表征基准电压相对设计标称值的相对误差。主要由初始精度（Initial Accuracy，不带负载时输出基准电压的容差 $\Delta V_{\mathrm{REFIA}}/V_{\mathrm{REF}}$）、线调整率（Line Regulation，电源电压变化引起的输出基准电压的直流误差 $\Delta V_{\mathrm{REFTC}}/V_{\mathrm{REF}}$）及温度漂移性能（Temperature-drift Performance，反映输出基准电压对温度的漂移误差 $\Delta V_{\mathrm{REFLNR}}/V_{\mathrm{REF}}$）决定。

$$Accuracy = \frac{\Delta V_{\mathrm{REFIA}} + \Delta V_{\mathrm{REFTC}} + \Delta V_{\mathrm{REFLNR}}}{V_{\mathrm{REF}}} \tag{6.2}$$

三、温度系数

温度系数（Temperature Coefficient，TC）表示由温度变化而引起基准电压的漂移量，简称温漂，一般用 $10^{-6}/℃$ 表示。它反映了基准电压在整个工作温度范围 $[T_{min}，T_{max}]$ 内的最大变化量与设计标称值的比值。

$$TC = \left[\frac{V_{max} - V_{min}}{V_{REF}(T_{max} - T_{min})}\right] \times 10^6 \qquad (6.3)$$

式中　V_{max}——在 $[T_{min}，T_{max}]$ 温度范围内最大基准电压；

　　　V_{min}——在 $[T_{min}，T_{max}]$ 温度范围内最小基准电压。

四、电源抑制比

电源抑制比（Power Supply Rejection Ratio，*PSRR*）是表征基准参考源抑制电源噪声能力的重要参数，基准参考源电路的电源抑制比可定义为电源到基准输出端增益的倒数。与线调整率不同，*PSRR* 测量的是电源电压交流变化引起的基准电压的变化。

$$PSRR^+ = \frac{V_{DD}}{V_{REF}}；PSRR^- = \frac{V_{SS}}{V_{REF}} \qquad (6.4)$$

$PSRR^+$ 和 $PSSR^-$ 表示带隙基准电压源的输出抑制电源和地电压波动的能力，也是带隙基准电压源的关键指标。

任务一　MOS 管型基准源设计

🍀 **任 务 要 求**

1. 掌握 MOS 管型基准源的基本结构
2. 了解 MOS 管型基准源的基本原理和分析方法
3. 能在 Cadence/Tanner 环境中设计电路图、仿真验证
4. 能在 Cadence/Tanner 环境中设计版图并仿真验证

基准源都可以通过普通 CMOS 工艺实现，根据采用器件状态不同，分为 MOS 管型基准源和二极管型基准源。MOS 管型基准源采用 CMOS 器件和无源电阻实现，适合于精度要求不高、成本较低的电路。二极管型基准源采用了与普通 CMOS 工艺兼容的寄生双极型晶体管，以产生更加精确的基准电压和电流。

子任务 1　MOS 管型分压器基本原理分析

简单的基准电压源可以通过在电源和地之间进行分压来实现，如图 6.1 所示，采用 MOS 管分压器实现了简单的基准电压源。其好处：电路简单，对温度变化不敏感，对工艺偏差不敏感。缺点是为了降低功率损耗，电阻阻值大，占用芯片面积大。因此适用场合不多。

图 6.1（b）是由电阻和二极管连接的 MOS 管分压器，输出基准电压 V_{REF} 为 MOS 管的 V_{GS}，由此可得

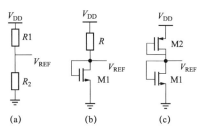

图 6.1　简单 MOS 管型分压器

(a) 电阻分压；(b) 电阻和二极管连接 MOS 管分压器；(c) MOS 管串联分压器

$$I_D = \frac{V_{DD} - V_{REF}}{R} = \frac{1}{2}\mu_n C_{OX} \frac{W_1}{L_1}(V_{REF} - V_{THN})^2 \tag{6.5}$$

$$V_{REF} = V_{THN} + \sqrt{\frac{2I_D}{\mu_n C_{OX} \frac{W_1}{L_1}}} = V_{THN} + \sqrt{\frac{2(V_{DD} - V_{REF})}{R\mu_n C_{OX} \frac{W_1}{L_1}}} \tag{6.6}$$

基准电压 V_{REF} 的温度系数 TCV_{REF} 定义为

$$TCV_{REF} = \frac{1}{V_{REF}} \frac{\partial V_{REF}}{\partial T} \tag{6.7}$$

结合式（6.6），假设 $V_{DD} \gg V_{REF}$，可求温度系数

$$TCV_{REF} = \frac{1}{V_{REF}}\left[V_{THN} \cdot TCV_{THN} - \frac{1}{2}\sqrt{\frac{2L_1 V_{DD}}{W_1 R\mu_n C_{OX}}}\left(\frac{1}{R}\frac{\partial R}{\partial T} - \frac{1.5}{T}\right)\right] \tag{6.8}$$

图 6.1（c）由连个 MOS 管串联实现的分压器，由于 M1 和 M2 均为二极管连接方式，且工作在饱和区，并满足电流相同，因此有

$$\frac{1}{2}\mu_n C_{OX} \frac{W_1}{L_1}(V_{REF} - V_{THN})^2 = \frac{1}{2}\mu_n C_{OX} \frac{W_2}{L_2}(V_{DD} - V_{REF} - |V_{THP}|)^2 \tag{6.9}$$

由此可得输出基准电压 V_{REF} 为

$$V_{REF} = \frac{V_{DD} - |V_{THP}| + V_{THN}\sqrt{\frac{\mu_n C_{OX} \frac{W_1}{L_1}}{\mu_p C_{OX} \frac{W_2}{L_2}}}}{1 + \sqrt{\frac{\mu_n C_{OX} \frac{W_1}{L_1}}{\mu_p C_{OX} \frac{W_2}{L_2}}}} \tag{6.10}$$

若假设 $\sqrt{\frac{\mu_n C_{OX} \frac{W_1}{L_1}}{\mu_p C_{OX} \frac{W_2}{L_2}}}$ 的比值随温度变化可以忽略不计，则基准电压 V_{REF} 的温度系数可以表示为

$$TCV_{REF} = \frac{1}{V_{REF}}\frac{\partial V_{REF}}{\partial T} = \frac{1}{V_{REF}}\frac{1}{1 + \sqrt{\frac{\mu_n C_{OX} \frac{W_1}{L_1}}{\mu_p C_{OX} \frac{W_2}{L_2}}}}\left[\frac{\partial(-|V_{THP}|)}{\partial T} + \frac{\partial V_{THN}}{\partial T}\sqrt{\frac{\mu_n C_{OX} \frac{W_1}{L_1}}{\mu_p C_{OX} \frac{W_2}{L_2}}}\right]$$

$$\tag{6.11}$$

一般 CMOS 工艺中阈值电压温度系数为负值，因此式（6.11）$\frac{\partial|V_{THP}|}{\partial T}$ 是一个具有正温度系数的量，为了使 $TCV_{REF} = 0$，式（6.11）只需要满足以下关系即可

$$\frac{\partial|V_{THP}|}{\partial T} = \sqrt{\frac{\mu_n C_{OX} \frac{W_1}{L_1}}{\mu_p C_{OX} \frac{W_2}{L_2}}} \cdot \frac{\partial V_{THN}}{\partial T} \tag{6.12}$$

因此，在工艺参数确定的情况下，可以通过调整 M1 管和 M2 管的宽长比来实现一个具有零温度系数的基准电压。但从式（6.10）可知，V_{REF} 受到电源电压 V_{DD} 的影响。

子任务 2 自偏置结构基准源

由于上面 MOS 管型分压器虽然电路结构简单，但无法获得与电源电压无关的基准电压，所以需要改进以满足模拟电路的性能要求。下面采用改进的 MOS 管型基准源，它们具有自偏置结构的基准源，可以产生与电源电压无关的基准电压和电流，合理选取参数也能获得零温度系数基准电压。

图 6.2 是两个具有自偏置结构的基准源电路，分别用来产生基准电压和基准电流。自偏置是指 M1 与 M2 和 M3 与 M4 分别组成电流镜结构，并相互提供偏置电流，通过这两对电流镜的相互耦合（正反馈），最终形成稳定的基准电流，此时所有管子工作在饱和区。

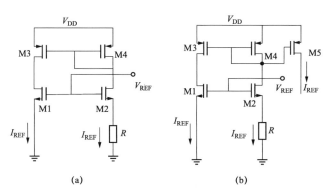

图 6.2 自偏置基准源

（a）自偏置电压源；（b）自偏置电流源

假设 M3 和 M4 具有相同的宽长比，忽略沟道长度调制效应，则有 M3 和 M4 电流相同，同时 M1 和 M2 电流也相同，因此两条支路电流相等，设为 I_{REF}。

$$V_{GS1} = V_{GS2} + I_{REF}R \tag{6.13}$$

该等式只有在 $V_{GS1} > V_{GS2}$ 时才成立。

由于管子工作在饱和区满足以下关系

$$V_{GS} = V_{THN} + \sqrt{\dfrac{2I_D}{\mu_n C_{OX} \dfrac{W_1}{L_1}}} \tag{6.14}$$

若要使式（6.13）成立，就必须满足 $\mu_n C_{OX} \dfrac{W_2}{L_2} = k \mu_n C_{OX} \dfrac{W_1}{L_1}$，且 $k>1$，在工艺参数相同的情况下，需要满足 $\dfrac{W_2}{L_2} = k \dfrac{W_1}{L_1}$，即 M2 的宽长比是 M1 的 k 倍。

同时可得两支路电流

$$I_{REF} = \dfrac{2}{R^2 \mu_n C_{OX} \dfrac{W_1}{L_1}} \left(1 - \dfrac{1}{\sqrt{k}}\right)^2 \tag{6.15}$$

由式（6.15）可以看出，基准电流 I_{REF} 是一个与电源电压无关的量。若 I_{REF} 已知，可以通过该式求出电阻 R 的大小。

为了确定基准电流温度特性，对式（6.15）的温度 T 求导，得

$$\frac{\partial I_{REF}}{\partial T} = \frac{-4}{R^3 \mu_n C_{OX} \frac{W_1}{L_1}} \left(1 - \frac{1}{\sqrt{k}}\right)^2 \frac{\partial R}{\partial T} - \frac{2}{R^2 \mu_n{}^2 C_{OX} \frac{W_1}{L_1}} \left(1 - \frac{1}{\sqrt{k}}\right)^2 \frac{\partial \mu_n}{\partial T} \qquad (6.16)$$

因此，基准电流 I_{REF} 的温度系数

$$TCI_{REF} = \frac{1}{I_{REF}} \cdot \frac{\partial I_{REF}}{\partial T} = -\left(\frac{2}{R}\right)\frac{\partial R}{\partial T} - \left(\frac{1}{\mu_n}\right)\frac{\partial \mu_n}{\partial T} \qquad (6.17)$$

基准电流 I_{REF} 的温度系数由电阻的温度系数和电子迁移率的温度系数共同决定。

如图 6.3 所示，这种自偏置结构拥有连个工作点 A 和 B，由表达式（6.18）可以看出，M1 和 M2 之间电流关系严重偏离线性关系，平衡点必须位于 A 点处（即希望的工作点），而在 B 点 $I_{IN} = I_{OUT} = 0$，这需要加入启动电路进行避免。启动电路只有在基准源加电瞬间起作用，当电路稳定工作时，启动电路不影响电路正常工作。

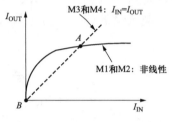

图 6.3　自偏置电路的工作点

由式（6.13）可以得到，I_{IN} 和 I_{OUT} 之间的关系为

$$\sqrt{\frac{2I_{IN}}{\mu_n C_{OX} \frac{W_1}{L_1}}} = \sqrt{\frac{2I_{OUT}}{\mu_n C_{OX} \frac{W_1}{L_1}}} + I_{OUT}R \qquad (6.18)$$

子任务 3　带启动电路的自偏置基准电压源（视频 - 自偏置结构基准）

如图 6.4 所示，设计一个带有启动电路的自偏置基准电压源结构，请分析所示基准电压源电路原理、电压大小和温度系数。用 Cadence/Tanner 仿真软件分析电路参数并完成版图设计。

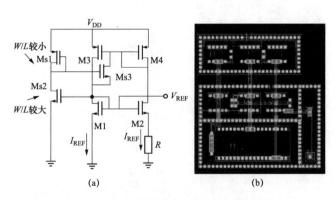

图 6.4　带启动电路的自偏置基准电压源
(a) 电路图；(b) 版图

任务二 带隙电压基准

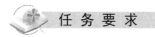

任务要求

1. 掌握 CTAT 和 PTAT 基准源电路基本结构和原理
2. 掌握带隙基准源的基本结构和原理
3. 掌握电路基本分析方法
4. 了解其他类型基准电路
5. 能在 Cadence/Tanner 环境中设计电路图、仿真验证
6. 能在 Cadence/Tanner 环境中设计版图并仿真验证

子任务 1　基本原理分析

如图 6.5 所示，带隙电压基准的基本原理是将两个拥有相反温度系数的电压以合适的权重相加，最终获得具有零温度系数的基准电压。其中，双极性晶体管（BJT）有两个特性：①其电压与绝对温度成反比；②在不同的集电极电流，两个 V_{BE} 电压的差值 ΔV_{BE} 与绝对温度成正比。因此双极性晶体管可构成带隙电压基准的核心。

理想的带隙电压基准，要求不仅有精确稳定的电压输出值，而且具有低的温度系数。温度系数是指输出电参量随温度的变化量，温度系数可以是正的，也可以是负的，正温度系数表示输出电参量随温度上升而数值变大，负温度系数则相反。下面来介绍两种温度系数电压是如何产生的。

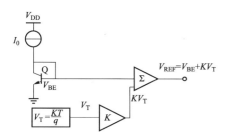

图 6.5　带隙基准源温度系数补偿结构示意图

1. 温度系数电压

负温度系数电压产生较简单，是双极晶体管的基极-发射极电压（V_{BE}）或更一般地说 pn 结二极管的正向电压，具有负温度系数。根据其物理特性，可推导出结电压 V_{BE} 与温度的关系。

对于一个双极器件，可以写出 $I_c = I_S \exp (V_{BE}/V_T)$，其中 $V_T = kT/q$，饱和电流 $I_S \propto \mu k T n_i^2$，其中 μ 为少数载流子迁移率，n_i 为硅的本征

载流子浓度。这些参数与温度的关系可以表示为 $\mu \propto \mu_0 T^m$，其中 $m \approx -3/2$，并且 $n_i^2 \propto T^3 \exp [-E_g/kT]$，$E_g$ 约为 1.1eV，为硅的带隙能量，所以

$$I_S = BT^{(4+m)} \exp\left(-\frac{E_g}{kT}\right) \tag{6.19}$$

式中　B——比例系数，与温度无关的量。

将 V_{BE} 对 T 取导数，由于 I_c 很可能是温度的函数，为了简化分析，暂时假设 I_c 保持不变，则

$$\frac{\partial V_{BE}}{\partial T} = \frac{\partial V_T}{\partial T} \ln \frac{I_c}{I_S} - \frac{V_T}{I_S} \frac{\partial I_S}{\partial T} \tag{6.20}$$

由式 (6.19)，得

$$\frac{\partial I_{\mathrm{S}}}{\partial T} = B(4+m)T^{(3+m)}\exp\frac{-E_{\mathrm{g}}}{kT} + bT^{(4+m)}\left(\exp\frac{-E_{\mathrm{g}}}{kT}\right)\left(\frac{E_{\mathrm{g}}}{kT^2}\right) \qquad (6.21)$$

所以

$$\frac{\partial V_{\mathrm{BE}}}{\partial T} = \frac{V_{\mathrm{T}}}{T}\ln\frac{I_{\mathrm{C}}}{I_{\mathrm{S}}} - (4+m)\frac{V_{\mathrm{T}}}{T} - \frac{E_{\mathrm{g}}}{kT^2}V_{\mathrm{T}} = \frac{V_{\mathrm{BE}} - (4+m)V_{\mathrm{T}} - E_{\mathrm{g}}/q}{T} \qquad (6.22)$$

上式给出了在给定温度下基极 - 发射极电压的温度系数，从中可以看出，V_{BE} 是一个具有负温度系数的电压，它与 V_{BE} 本身的大小有关。当 $V_{\mathrm{BE}} \approx 0.75\mathrm{V}$，$T = 300\mathrm{K}$ 时，$\partial V_{\mathrm{BE}}/\partial T = -1.5\mathrm{mV/K}$。

如图 6.6 为具有负温度系数的基准源，其中 M1 和 M2 以及 M3 和 M4 尺寸完全对称，即 $W_1/L_1 = W_2/L_2$，$W_3/L_3 = W_4/L_4$，且工艺参数完全相同，忽略沟道长度调制效应，则由 M3 和 M4 构成电流镜的电流相同，即 $I_{\mathrm{D3}} = I_{\mathrm{D4}}$。因此二极管 VD 的正向偏置电压 V_{D} 与电阻 R 的压降相等，即 V_{REF}，所以 $V_{\mathrm{BE}} = V_{\mathrm{REF}}$，由此可得基准电流 I_{REF} 为

$$I_{\mathrm{REF}} = I_{\mathrm{D3}} = I_{\mathrm{D4}} = \frac{V_{\mathrm{BE}}}{R} = I_{\mathrm{S}}\exp\left(\frac{V_{\mathrm{BE}}}{V_{\mathrm{T}}}\right) \qquad (6.23)$$

由上式可以求出电阻 R 的值为

$$R = \frac{V_{\mathrm{T}}}{I_{\mathrm{REF}}}\ln\left(\frac{I_{\mathrm{REF}}}{I_{\mathrm{S}}}\right) \qquad (6.24)$$

对式 (6.23) 对温度求导，可以得到基准电流 I_{REF} 的温度特性为

$$\frac{\partial I_{\mathrm{REF}}}{\partial T} = \frac{\partial}{\partial T}\left(\frac{V_{\mathrm{BE}}}{R}\right) = \frac{1}{R}\frac{\partial V_{\mathrm{BE}}}{\partial T} - \frac{V_{\mathrm{BE}}}{R^2}\frac{\partial R}{\partial T} \qquad (6.25)$$

由式 (6.22) 的结论可知，在室温附近 $\partial V_{\mathrm{BE}}/\partial T = -1.5\mathrm{mV/K}$，而 $\partial R/\partial T$ 为正值，因此 $\partial I_{\mathrm{REF}}/\partial T < 0$，知道图 6.6 (a) 产生的基准电压具有负的温度系数，而图 6.6 (b) 所示电路产生的基准电流的温度系数也具有负温度系数，这种电路由于温度系数都为负值，也称为 CTAT (complementary to absolute temperature) 基准源。

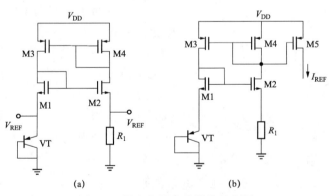

图 6.6　具有负温度系数的基准源
(a) CTAT 电压源；(b) CTAT 电流源

2. 正温度系数电压

正温度系数产生相对困难，要经过两个三极管 V_{BE} 差值进行计算得到。两个三极管工作在不同的电流密度下，它们的基极 - 发射极电压的差值与绝对温度成正比。如图 6.7 所示，如果两个同样的三极管（$I_{\mathrm{S1}} = I_{\mathrm{S2}}$），偏置的集电极电流分别为 nI_0 和 I_0 并忽略它们的基极电流，那么

$$\Delta V_{BE} = V_{BE1} - V_{BE2} = V_T \ln \frac{nI_0}{I_{S1}} - V_T \ln \frac{I_0}{I_{S2}} = V_T \ln \frac{nI_{S2}}{I_{S1}} = V_T \ln n \quad (6.26)$$

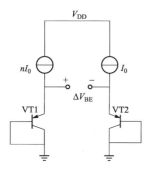

图 6.7 正温度系数电压产生电路

式中，ΔV_{BE} 具有正温度系数且该特性只与两个晶体管的偏置电流大小之比和两者的发射界面积之比有关，要增大 ΔV_{BE} 可通过增大 n 即电流和面积的比例系数，但随电流比例系数的增大功耗也将随之增大。

如图 6.8 所示电路是具有正温度系数的基准源电路。该电路在图 6.6 的基础上，在自偏置回路中引入正向偏置的二极管 VT2，该电路就可以产生具有正温度系数的基准电压和电流。

M1 和 M2 以及 M3 和 M4 尺寸完全对称，即 $W_1/L_1 = W_2/L_2$，$W_3/L_3 = W_4/L_4$，且工艺参数完全相同，忽

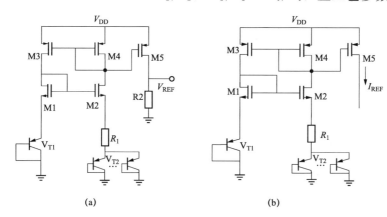

图 6.8 具有正温度系数的基准源
(a) PTAT 电压源；(b) PTAT 电流源

略沟道长度调制效应，则由 M1 和 M2 源端电位相等，因此有

$$V_{BE1} = V_{BE2} + I_{D2}R_1 \quad (6.27)$$

在 I_{D2} 不为 0 时，可得 $V_{BE1} > V_{BE2}$。在两条支路电流相等的条件下，如果增大二极管 VD2 的发射区面积就会使得 VD2 上的压降比 VD1 小，从而使 $V_{BE1} > V_{BE2}$ 的条件得到满足。由于 VD2 和 VD1 压降不同，该电压差就会落在电阻 R_1 上。

假定 VD2 的发射区面积是 VD1 的 N 倍，则由正向二极管特性可得

$$V_{BE1} = V_T \ln\left(\frac{I_{D1}}{I_S}\right)$$
$$V_{BE2} = V_T \ln\left(\frac{I_{D2}}{NI_S}\right) \quad (6.28)$$

由于 $I_{D1} = I_{D2}$，所以电阻 R_1 两端的电压降为 $\Delta V_{BE} = V_{BE1} - V_{BE2} = V_T \ln N$，由于热电压 $V_T = kT/q$，因此 $\Delta V_{BE} = (kT/q)\ln N$，即两个正向导通二极管的电压差与绝对温度 T 成正比。

由于两条支路电流相等，即 $I_{D1} = I_{D2} = I_{REF}$，于是有

$$R_1 = \frac{\Delta V_{BE}}{I_{REF}} = \frac{V_T \ln N}{I_{REF}} \quad (6.29)$$

或

$$I_{\text{REF}} = \frac{k\ln N}{qR_1}T \tag{6.30}$$

由上式可以看出，自偏置电路产生的基准电流 I_{REF} 与绝对温度 T 成正比。

为了获得具有正温度系数的电压，图 6.8（a）中，由 M4 和 M5 构成电流镜产生 $I_{\text{D5}} = I_{\text{REF}}$，并通过电阻 R_2 产生基准电压 V_{REF}，即

$$V_{\text{REF}} = I_{\text{REF}}R_2 = \left(\frac{R_2}{R_1}\right)\left(\frac{k\ln N}{q}\right)T \tag{6.31}$$

因此，基准 V_{REF} 也是一个与绝对温度成正比的量。

由于图 6.8 所示电路产生的基准电压和基准电流的温度系数均为正值，故称为 PTAT（proportional to absolute temperature）基准源。

由以上分析可知，要使输出电参量的温度系数小，自然会想到利用具有正温度系数的器件和具有负温度系数的器件适当地组合，实现温度补偿，得到低温度系数甚至零温度系数的电路结构。但遗憾的是，在 MOS 电路的情况下，器件的选择有限，而且基本器件参数与工艺参数和温度参数有强烈的依从关系，使温度补偿较之双极型电路更困难。但在实践中已设计出全 MOS 的电压基准电路，这里将简单地介绍其基本结构，说明温度补偿的原理，不做冗长的推导和计算。

子任务 2　简单带隙基准电路

带隙基准的基本原理是利用晶体管基射结电压差的正温度系数去补偿晶体管基射结电压的负温度系数，从而实现零温度系数，如图 6.9 所示，将 CTAT 和 PTAT 基准源的温度互补特性可实现具有零温度系数的基准电压。同时利用自偏置电路或运放电路来减小电源对基准电压的影响，下面我们将详细进行讨论。

首先如图 6.10 所示是利用这个原理实现温度补偿的简单带隙基准电路。

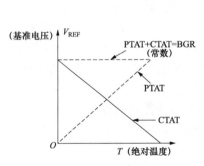

图 6.9　带隙基准电压产生原理

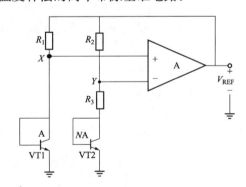

图 6.10　简单带隙基准实现电路

其中运算放大器使电路处于深度负反馈状态，从而使 X 点和 Y 点稳定在近似相等的电压，输出电压

$$V_{\text{REF}} = V_{\text{BE2}} + \frac{\Delta V_{\text{BE}}}{R_3}(R_2 + R_3) = V_{\text{BE2}} + \frac{(R_2 + R_3)}{R_3}V_T\ln N \tag{6.32}$$

这里由于 V_{BE2} 的负温度系数 $\partial V_{\text{BE}}/\partial T$ 可看作常数，V_T 与绝对温度成正比，所以，选择合适的 N、R_2、R_3 就可以获得零温度系数，且该结果与电阻温度系数无关。这里零温度系

数的获得是基于理想情况分析的，由于 PNP 管集电极没有接地，所以在 CMOS 中存在不可行性。

为了解决这个问题，下面介绍更常见的一阶带隙基准电路，如图 6.11 和图 6.12 所示。从实现方式上来说，带隙电压基准电路分为电压模结构和电流模结构。这两种结构各具优势，根据应用的不同进行选择。

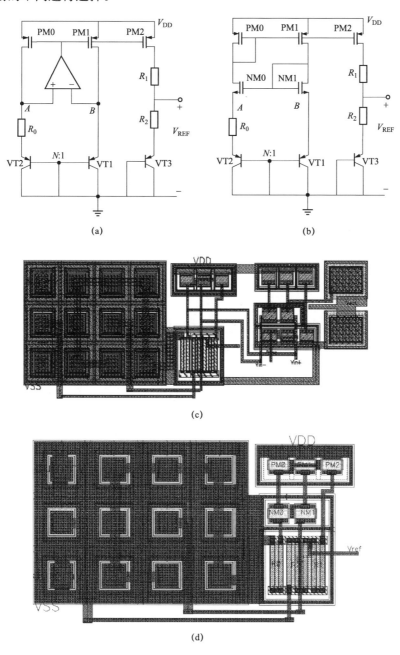

图 6.11 经典的电压模带隙基准电路结构

（a）基于运算放大器结构；（b）基于电流镜结构；（c）基于运算放大器电路的版图结构；

（d）基于电流镜电路的版图结构

图 6.11（a）其中运算放大器使电路处于深度负反馈状态，VT1、VT2、VT3 由 N 阱和 P 型衬底形成的寄生纵向双极性晶体管 BJT。电压模带隙基准电压如下式

$$V_{\text{REF}} = V_{\text{BE3}} + \frac{R_2}{R_0} \cdot \Delta V_{\text{BE}} = V_{\text{BE3}} + mV_{\text{T}}\ln N \tag{6.33}$$

式中 m——电阻比；

N——Q2 与 Q1 发射区面积之比；

V_{T}——热电压。

可以看出电压模结构利用 V_{BE} 自身的高稳定负温度特性与因偏置电路产生的 PTAT 电压在输出支路相加而实现。如图 6.11（a）控制 A、B 两点的电压相等，从而在电阻 R_0 上产生 $\Delta V_{\text{BE}} = V_{\text{BE1}} - V_{\text{BE2}}$ 压降，若忽略电阻的温度特性，在电阻 R_0 中流过电流 $\Delta V_{\text{BE}}/R_0$ 具有 PTAT（Proportional To Absolute Temperature）特性。通过电阻值的大小和 VT1、VT2 发射区的面积比 N 可以调节该 PTAT 电流大小。图 6.11（b）利用 NMOS 管 NM0、NM1 电流镜实现与运算放大器类似的控制作用。由于输出支路电流特定的温度需求，电压模基准电路无法驱动阻性负载，因此无法直接输出多路基准电压。图 6.11（c）和（d）分别为对应的版图实现。

电流模带隙基准电路基准电压见下式

$$V_{\text{REF}} = k\left(\frac{V_{\text{BE1}}}{R_{1a}} + \frac{\Delta V_{\text{BE}}}{R_0}\right)R_3 = (V_{\text{BE}} + mV_{\text{T}}\ln N)k\frac{R_3}{R_1} \tag{6.34}$$

对于电流模结构的带隙基准电路，$\Delta V_{\text{BE}}/R_0$ 的 PTAT 电流 V_{BE1}/R_{1a} 的 CTAT（Complementary PTAT）电流耦合在一起通过 PMOS 电流镜传输到输出极，通过电阻 R_3 转化为基准输出电压，如图 6.12 所示。电流模基准电路因输出支路仅含电阻负载，通过电阻分压可获得多值基准输出，弥补了电压模基准的不足。但是由于两种特性电流在电流镜中耦合使得电流镜的匹配难度较大，所以电流易失配对基准输出电压产生较大的影响。

由式（6.33）、式（6.34）可以看出：电压模和电流模结构的电压基准在本质上是相同的，电流模结构只是通过调节输出支路电阻值的大小来改变基准电压输出值的大小。同时，对于电压基准的两种结构中，运算放大器结构的失调电压会影响基准输出电压的大小和输出电压温度特性。电流镜结构由于不存在运算放大器，使得电路简单化同时避免了运算放大器的不理想特性，但是在实际中电流镜的不匹配特性导致电流镜中的电流不匹配，从而对基准电路性能有较大的影响。

子任务 3　高精度电流源设计

图 6.13 为常用 CMOS 高精度电流源，通过运算放大器和电阻将 V_{REF} 转换为高精度输出电流 I_{REF}，通过改变输出电阻 R（芯片外接）来调节输出电流。

电路中 V_{REF} 加在电阻 R，使输出电流 I_{REF} 和电阻 R 上流过精度一致，其 $I_{\text{REF}} = V_{\text{REF}}/R$。如果基准电压是由带隙基准电路产生的，那么输出受温度的影响就非常小。输出电流的误差主要由运算放大器的失调和电阻绝对值误差和温度系数引起。电阻的温度系数取决于器件的掺杂浓度，高掺杂的电阻受温度影响相对较小，所以一般使用高阻电阻。

同时工艺误差会引起电阻绝对值误差，可使用熔丝的方法修正电阻的绝对值，或外接电

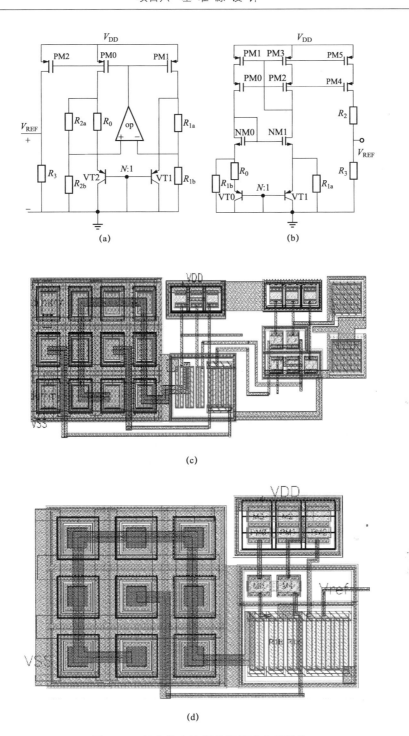

图 6.12 经典的电流模带隙基准电路结构
（a）基于运算放大器结构；（b）基于电流镜结构；（c）基于运算放大器的版图结构；
（d）基于电流镜的版图结构

阻来实现电流的微调。基准电路电阻修调的实现是通过一系列开关进行对某一电阻或多个电阻进行电阻值大小的微调节，从而使得流片后输出基准电压/电流达到或接近预期精度。一

种常用的电阻熔丝微调方法如图 6.14 所示，其修
调原理主要是利用电压源或电流源将并联到电阻两
端的熔丝（铝丝或多晶硅丝）烧断达到修调的目
的，优点是工艺兼容性好、成本低、易于编程、微
调速度快，缺点是需要在芯片内部引入额外的微调
PAD 和保护电路，并且微调 PAD 的利用率不高，
需要在芯片封装前进行测试，增加测试难度和
风险。

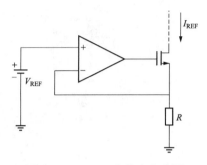

图 6.13　CMOS 高精度电流源

　　图中，修调阻值为 R 的电阻，可以在 R 支路串
联阻值为 ΔR 的一系列修调电阻，引出修调压焊点，从而根据实际需要进行熔丝烧断实现 R
的修正，由于该方法只能增大电阻值，因此需要根据实际电阻值大小和失配大小选择 R 和
ΔR 的设计值。

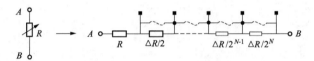

图 6.14　熔丝微调方法示意图

子任务 4　其他类型的基准源电路

1. Widler 带隙基准电压源

Widler 带隙基准电压源由 Robert Widlar 于 1971 年提出，如图 6.15 所示。基准电压从
VT3 的集电极引出，其表达式为

$$V_{REF} = V_{BE3} + V_{R2} \tag{6.35}$$

$$\Delta V_{BE} = V_{BE1} - V_{BE2} = \frac{KT}{q}\ln\frac{I_{e1}}{I_{e2}} = V_T\ln\frac{I_{e1}}{I_{e2}} \tag{6.36}$$

$$\Delta V_{BE} = R_3 I_{e2}$$

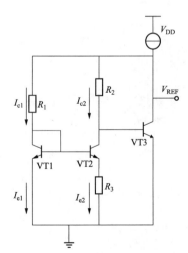

图 6.15　经典的 Widler 带隙基准源

　　从电路上看，ΔV_{BE} 正好是电阻 R_3 上的压降。如果晶体
管的 β 值很高，可以忽略 I_β 的影响，则 $I_{e2} = I_{c2}$，$V_{R2} = R_2$
$I_{c2} = R_2/R_3 \Delta V_{BE}$。

　　将 V_{R2} 代入表达式（6.35）得

$$V_{REF} = V_{BE3} + \frac{R_2}{R_3}V_T\ln\frac{I_{e1}}{I_{e2}} \tag{6.37}$$

　　在电路中，电路中 R_1 和 R_2 近似相等，都等于 V_{REF} 减去
一个 V_{BE}，所以，$I_{e1}/I_{e2} = I_{c1}/I_{c2} = R_2/R_1$ 代入式
（6.37），得

$$V_{REF} = V_{BE3} + \frac{R_2}{R_3}V_T\ln\frac{R_2}{R_1} \tag{6.38}$$

　　这就是 Widler 带隙基准电压表达式。式中第一项具有
负的温度系数，第二项具有正的温度系数，适当地选择电

阻比值，可以使正、负温度系数互相抵消，从而实现零温度漂移。

这种结构的缺点是电源电压比较高，而且由于采用了 NPN 管，所以与数字 CMOS 亚微米工艺不兼容。

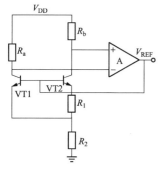

图 6.16　Brokaw 带隙基准电压源

2. Brokaw 带隙基准电压源

Widler 带隙基准电压源的主要缺点是难以保证电流比 I_{c1}/I_{c2} 不随温度变化。为了克服这个问题，可以采用改进的电路结构，当然这增加了电路的复杂性，即增加一个带有高增益运算放大器的反馈回路。Brokaw 带隙基准电压源的结构如图 6.16 所示。

VT2 的射极面积为 VT1 的 N 倍。输出电压可表示为：

$$V_{REF} = V_{BE1} + (I_{C1} + I_{C2}) \times R_2 \tag{6.39}$$

假定集电极电阻 R_a 和 R_b 完全相同，由于运算放大器输入端虚短，VT1 和 VT2 的集电极电流被强制相等。电阻 R_2 上的压降等于 VT1 和 VT2 的射极电压差 ΔV_{BE}，因此输出电压又可表示为

$$V_{REF} = V_{BE} + 2\frac{R_1}{R_2}V_T \ln(N) \tag{6.40}$$

从式（6.40）可以看出，适当调节 R_1/R_2 和 N，也可实现正、负温度系数相互抵消。与 Widler 带隙基准的表达式（6.38）相比，在对数项中的电阻比不存在，需要调整的参量变少，工艺影响的因素减少，同时与电源电压无关，所以基准电压的精度提高了。但是 Brokaw 带隙基准电压源也有着很大的缺点：①运算放大器的输入失调电压会给输出带来误差，限制了带隙基准源电源抑制比的提高；②通过 R_1 和 R_2 分别给 VT1 和 VT2 提供偏置电流，电路的静态功率损耗大，而且偏置电流易受温度影响。

3. Kujik 带隙电压源

与 Widler 带隙和 Brokaw 带隙基准电压源不同的是，Kujik 带隙电压源采用的是 CMOS 工艺，而前面两者都采用的是双极工艺，结构如图 6.17 所示。

由图 6.17 可知，电流关系为

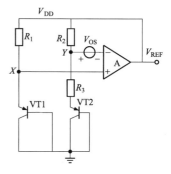

图 6.17　Kujik 带隙电压源

$$\frac{I_{C1}}{I_{C2}} = \frac{R_2}{R_1} \tag{6.41}$$

产生于电阻 R_3 的电压 ΔV_{BE} 为

$$\Delta V_{BE} = V_T \ln\left(\frac{I_1}{I_2} \times \frac{I_{S2}}{I_{S1}}\right) = V_T \ln\left(\frac{R_2}{R_1} \times \frac{I_{S2}}{I_{S1}}\right) \tag{6.42}$$

输出的基准电压为

$$V_{REF} = V_{BE} + V_{R2} = V_{BE1} + V_T \times \frac{R_2}{R_3} \ln\left(\frac{R_2}{R_1} \times \frac{I_{S2}}{I_{S1}}\right) \tag{6.43}$$

由于 CMOS 晶体管的阈值电压失配和单位电流跨导很小，使得 CMOS 运算放大器的失调电压不为零（$-15 \sim +15 \text{mV}$），因此在设计高精密带隙基准源时，必须要考虑到运算放

大器的失调电压。将式（6.41）重写如下：

$$\frac{I_1}{I_2} = \frac{R_2}{R_1}\left(1 - \frac{V_{OS}}{I_2 R_2}\right) \tag{6.44}$$

输出基准电压变为

$$V_{REF} = V_{BE1} + V_{R2} + V_{OS} = V_{BE1} + V_T\left(1 + \frac{R_2}{R_3}\right)\left(1 + \frac{V_{OS}}{\Delta V_{BE}}\right)\Delta V_{BE}$$

$$= V_{BE1} - \left(1 + \frac{R_2}{R_3}\right)V_{OS} + \frac{R_3}{R_2}V_T \ln\left[\frac{R_2 I_{S1}}{R_1 I_{S2}}(1 - V_{OS})\right] \tag{6.45}$$

从式（6.45）可以看出，运算放大器的失调电压将会给 Kujik 带隙基准电压带来很大的误差。假设失调电压相对温度是独立的，则①$V_{OS} > 0$ 负温度系数电压的系数增大，导致输出电压随温度的增大而减小，即呈现出负温度系数；②$V_{OS} < 0$ 负温度系数电压的系数减小，导致输出电压随温度增大而增大，即呈现出正温度系数。另外，V_{OS} 会随着温度变化，温度系数为 20 μV/C，这使得带隙基准源的温度稳定性受到更大的影响。

从式（6.45）可以看出，主要可以通过以下一些方法来减小 V_{OS} 对带隙基准源输出电压的影响：①通过版图设计减小 V_{OS}，使运算放大器采用大尺寸器件并仔细选择版图布局来减小 V_{OS}；②可以增大 ΔV_{BE} 来减小正温度系数电压的系数，具体方法是增大 I_1/I_2、I_{S1}/I_{S2}，但由于这些量都要取对数而且受到功率损耗、版图面积的限制，所以 ΔV_{BE} 的增大也是有限的；③增大 ΔV_{BE} 的系数，如采用两个 PN 结串联的形式可以使 ΔV_{BE} 的系数增加一倍；④不采用运算放大器，采用比例电流镜反馈来实现电流 I_1 和 I_2 的比例关系。

实际上，按照上述方法减小 V_{OS}，带隙基准源输出电压的温度系数仍然不是很理想，这是因为推导过程中一直把 V_{BE} 看作是温度的一阶函数，而 V_{BE} 却是一个很复杂的温度高阶函数，这样就导致了对 V_{BE} 的补偿不足，从而使输出电压很难达到精密的温度特性。所以 V_{BE} 是带隙基准源的一个很重要的参数，它的温度特性在带隙基准源中扮演着很重要的角色，因此下一个项目将要详细分析温度补偿方法。

任务三　高价补偿带隙基准电压源

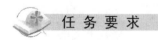

任 务 要 求

1. 了解非线性高阶温度补偿方法
2. 能应用补偿原理设计电路
3. 能在 Cadence/Tanner 环境中设计电路图、仿真验证
4. 能在 Cadence/Tanner 环境中设计版图并仿真验证

子任务 1　补偿方法

带隙基准电压源从温度补偿的角度可以分为线性补偿型和非线性补偿型。线性补偿就是一阶补偿，可以满足一般的精度要求，非线性补偿主要用于高精度的要求。

BGR 的一阶补偿技术的主要思想是通过加入一个与热电压 $V_T(T)$ 成正比的电压源来抵消二极管的基极‐发射极电压 V_{BE} 的负温度系数。然而，相对于 $V_T(T)$ 是温度 T 的线性函数，V_{BE} 却是一个包含温度 T 的许多高次项的复杂函数。因此，即使在最适宜的补偿条件下，基准电压 V_{REF} 仍然会含有一些温度漂移项。由于这个缺陷是与一阶补偿技术与生俱来的，故在一定范围内不可能通过一阶补偿来提高温度的稳定性。因此，现在采用对 V_{BE} 的曲率进行补偿的方法。其中之一是直接对 V_{BE} 进行线性化，其二是对温度的高次项进行补偿，还有一种是在温度范围内对温度进行分段补偿。下面就几种非线性高阶补偿方法进行分析。

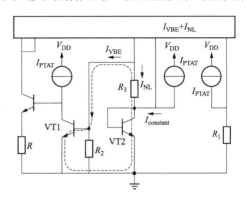

图 6.18　V_{BE} 环路补偿的电路结构

1. V_{BE} 环路法

利用具有不同温度系数（正、负）的电流流经 V_{BE} 环路以产生一个非线性电流作为补偿电流，实现该功能的电路结构如图 6.18 所示。

从图中结构可得

$$I_{NL} = \frac{V_{BE1} - V_{BE2}}{R_3} = \frac{V_T}{R_3} \ln \frac{I_{C1} A_2}{I_{C2} A_1} = \frac{V_T}{R_3} \ln \frac{2 I_{PTAT}}{I_{NL} + I_{constant}} \tag{6.46}$$

其中

$$I_{constant} = I_{NL} + I_{PTAT} + I_{VBE} \approx I_{NL} + m \times \frac{V_T}{R_4} + \frac{V_{BE}}{R_2} \tag{6.47}$$

R_4 是产生支路电流 I_{PTAT} 的电阻。从（6.45）式中可看出，I_{NL} 与其自身成对数关系，所以显示出非线性特性，该补偿方法利用 I_{NL} 的非线性特性去补偿 V_{BE} 的非线性特性。

由图可得输出基准电压 V_{REF} 的表达式如下：

$$V_{REF} = (I_{NL} + I_{PTAT} + I_{BE}) \times R_1 = \left[\frac{V_T}{R_3} \ln \left(\frac{2 I_{PTAT}}{I_{NL} + I_{constant}} \right) + I_{PTAT} + \frac{V_{BE}}{R_2} \right] \times R_1 \tag{6.48}$$

采用这种补偿方法可以得到较高的精度，但电路结构比较复杂。

2. 温度分段线形补偿技术

根据分段非线性电流生成机理的一种补偿电路结构如图 6.19 所示，电流随温度变化曲线如图 6.20 所示。MP1 管电流镜按比例获得 $I_{VBE} = V_{BE}/R$ 的负温度系数电流，从该电流中减去 $k_1 I_{PTAT}$ 正温度系数电流后，MP2 中得到用于电压补偿的非线性温度电流 I_{NL}，电流镜MP3 的比例关系用于调节非线性比例系数，最终用于高阶非线性温度补偿。由于 I_{PTAT} 电流在低温区范围远小于 I_{VBE}，迫使 MP1 进入线性区，从而导致 MP2 截止，无电流输出。因此非线性温度补偿只有在中高温区才有输出，即

$$I_{NL} = \begin{cases} 0 & I_{PTAT} \leqslant I_{VBE} \\ k_1 I_{PTAT} - k_2 I_{VBE} & I_{PTAT} > I_{VBE} \end{cases} \tag{6.49}$$

因此，这种补偿方法在应用上受到限制。通常只能用于 $V_{REF}(T)$ 温度特性开口向下的曲率补偿。

$$V_{REF} = (A I_{BE} + B I_{PTAT} + C I_{NL}) R \tag{6.50}$$

A、B、C 为电路结构决定的比例系数，如一阶温度补偿中的 PTAT 电压适当减小，使 V_{REF} 极值所对应的温度点向低温度区偏离，以提高二阶曲率补偿的效果。

在 I_{NL} 极性无法改变的前提下，通过改变在 I_{NL} 注入输出支路的方式，由原先的并联相加叠加改变为并联相减叠加，则分段补偿结构可用于 $V_{REF}(T)$ 温度特性开口向上的曲率补偿。因此，分段补偿具有好的性能且实现结构最简单的一种高阶温度补偿方法，实用价值高。

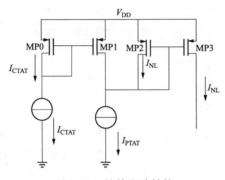

图 6.19　补偿电路结构

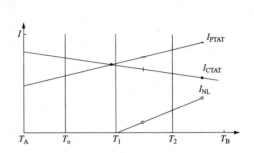

图 6.20　电流随温度变化曲线

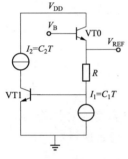

图 6.21　采用指数曲率
补偿的带隙基准源

3. 指数曲率补偿方法

指数曲率补偿方法是在 V_{REF} 叠加一个温度的指数函数来达到消除高次项的目的。由于指数函数的泰勒展开仍是一个 T 的多项式，只要合理地选择参数，不仅能消除二次项，而且能尽可能多地消除其他高次项。核心电路如图 6.21 所示。

图 6.21 中电流源 I_1、I_2 是 PTAT 电流源，因此基准源 V_{REF} 可表达为

$$V_{REF} = V_{BE}(T) + C_1 RT + \frac{C_2 RT}{\beta(T)} \tag{6.51}$$

式中　β ——晶体管的电流增益。

式（6.51）的最后一项为 VT1 的基区电流流经 R 所产生的电压降，就是用它来补偿 V_{BE} 中的非线性项。其中 $\beta(T)$ 可表示为

$$\beta(T) = \beta_\infty \exp\left(\frac{\Delta E_G}{KT}\right) \tag{6.52}$$

其中，β_∞ 和 ΔE_G 都是与温度无关的常量，ΔE_G 称为晶体管射区带隙能量衰减因子，它正比于射区掺杂浓度。由式（6.51）和（6.52），得

$$V_{REF} = V_{BE}(T) + C_1 RT + \frac{C_2 RT}{\beta_\infty}\exp\left(\frac{\Delta E_G}{KT}\right) = V_{BE}(T) + K_1 T + K_2 T\exp\left(\frac{\Delta E_G}{KT}\right)$$

$$\tag{6.53}$$

K_1、K_2 都是优化后的参数。调整 K_1 用于对 V_{BE} 的线性项补偿，K_2 是对曲率项补偿。先微调 K_2 使得 V_{REF} 的非线性度最小化，使得 V_{REF} - T 曲线尽可能接近于一条直线，而后可用最小二乘法拟合成线的形式，再结合温度系数等于零的条件，可定出 K1 的近似值，通过微调，就可以得到低温度系数的基准源。

4. 利用电阻比值随温度变化的曲率校正方法

这种方法的设计思想是利用与温度有关的电阻比例来进行温度补偿。根据电阻的特性，利用两个温度系数相异的电阻的比值，同样可以得到与温度 T 有关的高阶项，这样就可以

用来消除 V_{BE} 中温度的高阶项，达到基准电压温度曲率补偿的目的。

这种曲率补偿方法的核心电路如图 6.22 所示，R_1 和 R_2 是同一种电阻材料，高阻多晶硅电阻，R_3 是扩散电阻，R_4 与 R_1 和 R_2 是同一种材料，目的是减小 M1 和 M2 由于沟道长度效应引起的非匹配性。一个与温度成正比的电流产生，通过 R_2 和 R_3 输出。

$$V_{REF} = V_{BE2} + \frac{R_2}{R_1}V_T \ln N + \frac{R_3}{R_1}V_T \ln N \tag{6.54}$$

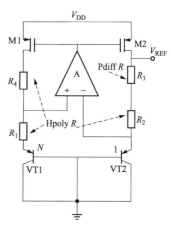

从前面理论分析可知，$V_{BE}(T/\ln T)$ 具有非线性温度特性。由于 R_2 与 R_1 由同一材料制成，具有相同的温度系数，因此其比值与温度无关；R_3 与 R_1 采用了不同的材料，而高阻多晶硅电阻具有负温度特性，所以 (R_3/R_1) 的比例具有温度特性。因而优化 (R_3/R_1) 比例，可以非线性温度补偿，产生与温度无关的输出。

综上所述，二阶温度曲率补偿带隙基准电路解决了一阶补偿所固有的温度曲率问题，令带隙基准的温度稳定性得到了很大的提高。但是，由于电路中加入了电流偏置电路，令电路结构复杂化，使芯片的功率损耗、面积等有很大损耗；同时也增加了由于电路的匹配性问题所引起的基准电压的稳定性、精确等降低的可能性，制约了它在大规模集成电路中的应用。

图 6.22　电阻比值随温度
变化的补偿方法

指数型曲率补偿是通过三极管的基极电流来实现电路的温度曲率补偿的。电路结构简单但是电路采用晶体管的工艺参数来进行曲率校正，需要合理设置发射区面积，电阻取值的算法复杂，设计工作的强度较大，而其所需电压较高，不适合低电源工作。V_{BE} 环路法，补偿电路精度较高，但电路结构比较复杂。利用电阻比值随温度变化的曲率校正方法，主要依靠电阻的工艺参数（温度系数）来达到曲率校正的目的，因此受工艺限制较大。

温度分段线性补偿技术，将整个温度范围分成若干段，对每段分别进行温度补偿，在整个温度范围内有效地降低温度系数。克服了一阶补偿技术基准输出电压只有在参考温度附近才能获得比较好的温度补偿。电路结构简单，通过合理参数设置能有效提高基准电压的稳定性和精度。所以通过以上分析，本文中电路结构主要是基于分段补偿原理进行设计的。

子任务 2　高阶补偿带隙基准电压源实例设计

采用 CSMC 0.35 μm 3.3V/5V double poly 工艺模型设计一种高精度的基准电压源，分析电压大小和温度系数。用 Cadence 仿真软件分析电路并完成版图设计与验证。

一、设计指标

设计一个 BGR 电路，首先第一步根据电路要求确定设计指标见表 6.1。

表 6.1			BGR 电 路 设 计 指 标			
工作电压（V）	温度范围	工艺类型	输出电压（V）	温度系数（10^{-6}/℃）	PSRR	功耗
3.3	−40~125℃	CSMC 0.35 μm	≈1.2	30	>50dB	<50 μW

　　基于分段补偿的基本原理，本电路的补偿方法主要是在分析一阶线性电压的变化状态基础上依据输出支路内部的温度负反馈结构，引用了一种结构新颖简单、适应不同开口方向的电压基准二阶补偿方法。

二、补偿原理分析

1. 一阶线性补偿的残余温度系数分析

　　在一阶带隙基准利用 V_T 正温度系数电压与 V_{BE} 负温度系数电压线性叠加补偿控制中，V_{BE} 电压中的非线性温度量使得正负温度系数无法完全抵消，导致一阶输出基准中残存有一定的非线性温度系数。PN 结 V_{BE} 导通电压数值由偏置电流大小决定，V_{BE} 电压温度特性则受偏置电流温度特性的影响，而偏置电流的温度特性一方面取决于偏置的结构类型，另一方面则与电阻的温度系数类型有关。$\Delta V_{BE}/R$ 偏置结构在忽略电阻温度的前提下近似为 PTAT 电流，即 $\alpha=1$，而电阻温度特性的影响使偏置电流的指数温度系数偏离为 $\alpha=1-\alpha_R$，室温 $T_0=300K$ 下电阻指数温度系数 α_R 与电阻一阶温度系数 TC_R 的关系为 $\alpha_R=TC_R\times T_0$。对于正温度系数阱电阻或扩散电阻，$\alpha_R>0$、$\alpha<1$；对于负温度系数的多晶电阻，$\alpha_R<0$、$\alpha>1$。一阶补偿基准电压中残存的非线性温度量明显受电阻温度系数的影响。若忽略带隙电压的温度变化，即 $V_g(T)\approx V_{g0}$，则输出基准

$$V_{REF}=V_{g0}+(\gamma-\alpha)V_T\left(1-\ln\frac{T}{T_0}\right) \tag{6.55}$$

　　式中 $V_{g0}=1.205V$ 为 0K 下的能隙电压，常温下 $V_g(300K)=1.122V$。$\gamma=4-n$，n 为载流子迁移率的温度指数系数，与 MOS 管衬底浓度有关，在实际的衬底浓度掺杂范围内，$n\approx0.8\sim2$。彻底消除非线性温度系数的根本方法为设置 $\gamma-\alpha=0$。对于正温度系数电阻一定有 $\gamma-\alpha>0$；对于负温度系数电阻，由于 $\gamma_{min}=2$，只有在 $\alpha_R<-1$ 时，才有可能出现 $\gamma-\alpha>0$ 的状态，当 r 提高或 a_R 负温度系数绝对值下降时，仍然出现 $\gamma-\alpha>0$ 的状态。因此，根据工艺条件选用适当负温度系数的多晶电阻降低 $\gamma-\alpha$ 值，能在一定程度上降低一阶补偿电压基准残余的温度系数。

　　实际上，由于 $V_g(T)$ 的负温度特性，必然对一阶基准及高阶曲率补偿基准的温度特性产生影响，采用二阶非线性近似，得到：

$$V_g(T)=V_{g0}-\frac{\lambda T^2}{T_a+T}\approx V_{g0}+\frac{\partial V_g}{\partial T}T+\frac{1}{2}\frac{\partial^2 V_g}{\partial T^2}T^2 \tag{6.56}$$

　　式中常数 $\lambda=0.473mV/K$，参考温度 $T_a=638K$，常温下的能隙电压 $V_g=1.122V$。$V_g(T)$ 的一阶和二阶温度分别为

$$TC_1=\frac{\partial V_g(T)}{\partial T}=-\lambda\frac{T}{T_a}\frac{(2+T/T_a)}{(1+T/T_a)^2}\qquad TC_2=\frac{\partial^2 V_g(T)}{\partial T^2}=-\frac{2\lambda}{T_a(1+T/T_a)^3}$$

$$\tag{6.57}$$

　　表 6.2 给出了 $-55\sim125℃$ 温区范围内 V_g 一阶和两阶负温度系数的计算值，其中 TC_1 数值随温度的提高而略有增大，近似认为保持为常数性质。在此条件下，为补偿 $V_g(T)$ 的一阶线性负温度系数，需在基准中增加正温度系数电压 mV_T。

　　设系数 $m=-TC_1/(k/q)=-TC_1 T_0/V_{T0}$，常温下当取 $m\approx2.93$ 时，$V_g(T)$ 的线性温度特性对基准输出的数值和温度系数影响可以忽略。

表 6.2 $V_g(T)$ 的两阶非线性温度系数

温度系数	220K	300K	400K
TC_1 （mV/k）	-0.212	-0.254	-0.294
TC_2 （μV/k²）	-0.610	-0.467	-0.344

经线性补偿修正，仅由 V_{BE} 的二阶非线性温度系数决定的一阶带隙基准

$$V_{REF} = V_{go} + \frac{1}{2} \frac{\partial^2 V_g}{\partial T^2} T^2 + (\gamma - \alpha) V_T \left(1 - \ln \frac{T}{T_0}\right) \tag{6.58}$$

在 $-55 \sim 125℃$ 的温度范围内，常温下 $V_g(T)$ 二阶负温度系数的绝对值随温度升高而减小，$\gamma - \alpha \approx 2$ 条件下一阶线性补偿的基准输出电压 $V_{REF} \approx 1.17 - 0.021 + 0.052 \approx 1.2V$，基准温度系数引起最小电压变化量近似为 $0.04(\gamma - \alpha)V_{T0}$，电压变化近似为 2mV 的量级，对应于 $10 \times 10^{-6}/℃$ 量级的温度系数。继续增加正温度系数补偿电压 ηV_T，抵消 $V_g(T)$ 的二阶非线性温度系数，则带隙基准的温度特性可近似表示为

$$\frac{\partial V_{REF}}{\partial T} \approx \eta \frac{V_{T0}}{T_0} - \frac{2\lambda}{(1 + T/T_a)^3} \frac{T}{T_a} - (r - a) \frac{V_{T0}}{T_0} \ln \frac{T}{T_0} \tag{6.59}$$

式中 $\eta = -TC_2 T_0/(k/q) \approx 1.62$。当忽略 $V_g(T)$ 的 TC_2 温度系数时，常温下 V_{REF} 的温度系数为零，基准的一阶导数值当 $T < T_0$ 时大于零、$T > T_0$ 时为小于零，V_{REF} 温度特性曲线开口向下，零温度系数基准的最大值出现在常温附近。当考虑 TC_2 的负温度系数影响后，V_{REF} 的峰值向低温区移动，甚至在整个温区内出现单调下降的温度特性。

当考虑 $V_g(T)$ 的 TC_2 温度系数时，式 (6.59) 中第一项为不随温度变化的常数，第二项系数绝对值随温度下降而增加，则前两项之和对基准温度特性的影响为正温度系数特性，即低温下 V_{REF} 下降，仅在 300K 室温附近两者近似完全补偿。式 (6.59) 中第三项在低温下表现为正温度特性，正温度系数的大小受其系数 $(\gamma - \alpha)$ 的影响，该系数随器件衬底掺杂和电阻温度系数而改变。三项的相互作用共同决定一阶线性补偿基准在不同温区的温度特性，即曲线开口方向与极值点位置。

当 $\gamma - \alpha$ 较大使低温下基准温度系数的一阶导数大于零时，基准保持原有的开口向下的曲线特性，基准温度极值点位置后移；当 $\gamma - \alpha$ 较小时，低温下基准系数的一阶温度导数小于零，使基准变为开口向上的温度特性，基准温度的极值点位置前移。实际上，$\gamma - \alpha$ 随掺杂与电阻的变化特性，决定了 V_{REF} 的开口方向及其极值点位置，当不同工艺下的 $\gamma - \alpha$ 状态不同时，导致实际电路中均可出现开口向下或向上的温度变化特性。

2. 自适应二阶补偿原理

一阶线性补偿基准的温度特性为图 6.23 (a) 所示的开口向下或开口向上的对称分布，为实现高阶补偿下降低一个数量级的温度特性，需要一种精确到 mV 级温度变化电压的稳定控制机制，使电压模基准输出电压纹波最大幅度降低到 $0.2 \sim 0.4mV$。降低输出最大纹波的最有效方法是将一阶线性补偿的单峰极值变为高次补偿下的多峰极值，从而降低基准电压峰 - 峰值的变化量。

二阶补偿需要与一阶补偿相互配合才能获得最佳的补偿结果。为此需适当调节一阶线性补偿量，将原来位于温区中点即常温附近的峰值调整到温区的高温或低温端，与此对应的另一端则通过自适应的二阶补偿形成另一个或多个峰值，通过控制非对称的一阶和二阶补偿关系，使宽温区范围内的纹波电压变化均匀并趋于平衡，如图 6.23 (b)、(c) 所示。

以开口向下（上）的一阶基准温度特性为例，若一阶基准在高温段输出偏大，如图 6.23（b）所示，则在低（高）温段对输出支路注入适量的负温度系数电流或分流正温度系数电流，以降低低（高）温下的正温度系数，形成低（高）温区下输出基准的局部峰值，并在整个温区内形成双峰输出。同样，若一阶非对称补偿基准的低温值偏大，如图 6.23（c）所示，则需在高（低）温段注入正温度系数电流或分流负温度系数电流，以降低高（低）温下的负温度系数。

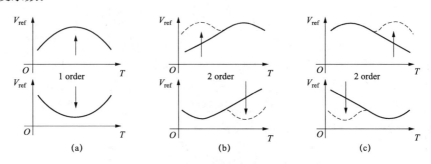

图 6.23　电压基准的补偿温度特性

（a）一阶平衡式；（b）一阶补偿高温偏大；（c）一阶补偿低温偏大

电流的注入与分流在控制原理上是等效的，针对开口向下的输出特性，合理配置一阶非对称补偿的特性与不同补偿起始点的电流微量控制，即可实现输出 N 型或 M 型的二阶补偿输出特性曲线。

3. 自适应二阶补偿控制结构

可通过对 MOS 管驱动电压 V_{GS} 的控制，来实现理论分析所要求的分段补偿控制。基本的控制策略：低温下因 MOS 管的 $V_{GS} < V_{TH}$ 而无附加补偿电流，管子截止。温度升高后，一方面 V_{TH} 下降，同时 V_{GS} 增加，两者配合可使当温度超过某一临界点后 MOS 管因 $V_{GS} > V_{TH}$ 而导通，温度越高提供的补偿电流也越大，当高温正温度系数电流注入到输出支路中，即可实现高温下的非线性温度系数补偿控制。

实现以上控制原理的基准补偿结构如图 6.24 所示。图 6.24（a）中，补偿管 Mc 的栅接输出基准电压，即保持 $V_G \approx V_{REF}$ 不随温度变化，控制 V_S 电位高低使中低温下的 $V_{GS} = V_{REF} - V_S$ 小于该温度下的开启电压，补偿电流为零，高温下 Mc 导通后即可提供正温度系数的补偿电流。设置的 V_S 电位越高，对应的补偿有效起始温度也越高，补偿管尺寸越大，补偿电流越大。由于补偿管 Mc 的漏直接接电源电压，或由其他支路提供所需的电压偏置，构成相对输出支路的单纯补偿电流注入型控制结构。但由于 Mc 补偿管一般工作在饱和恒流区，提供的补偿电流较大，导致工艺失调的影响更为显著。

为抑制工艺失调的影响，可将 Mc 管的漏电压由电源 V_{DD} 驱动改为电位 V_d 可调节驱动，即图 6.24（b）所示的 Mc 与 R_p 的并联结构，形成补偿电流的分流控制机制。当温度变化时，无论补偿管 Mc 的导通状态如何变化，Mc 与 R_p 中的总电流因由输出支路决定其温度特性保持原有规律不变，即 Mc 补偿电流的导通状态对输出支路中的其他部分的温度特性不产生影响，而只对并联部分电压降的温度特性产生作用。Mc 导通后使并联等效电阻减小，在输出支路电流温度特性保持恒定的条件下，导致并联结构的电压降低，形成高温下负温度系数增强的补偿机制。图中，V_S 电压的选择应使补偿管工作在弱反型区、并联电阻 R_p 的选择

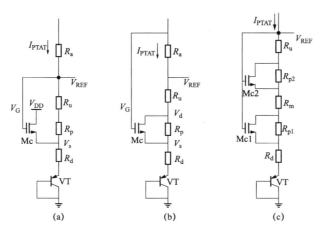

图 6.24 基准高温分段 NMOS 补偿控制结构

(a) 单纯注入型；(b) 并联分流型；(c) 多管并联分流

使补偿管处于线性电阻区，同时设计补偿管合适的 W/L 参数，实现对微弱高阶补偿量的有效控制。

图中 Mc 补偿管的栅电位可在 V_{REF} 电压附近灵活调节，当 $V_G > V_{REF}$ 时，补偿管的正温度系数电流调节作用增强，相反，当 $V_G < V_{REF}$ 时，负温度系数电压调节作用减弱。此外，图 6.24（c）中 Mc1 与 Mc2 两个高阶补偿 NMOS 管的协调配合，可获得两个不同高温起点下负温度系数补偿作用的叠加，实现高阶补偿特性。

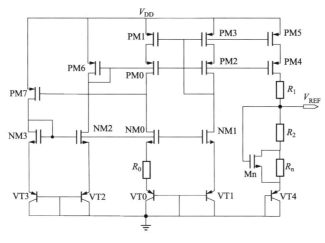

图 6.25 电路图

三、选择电路结构，参数设计

该电路是利用宽摆幅 PMOS Cascode 电流镜的高输出阻抗以改善电路的 PSRR 特性；内部由 PM7→NM3→NM1→PM1→PM7 构成的闭环负反馈环路，抑制了包括电源 V_{DD} 噪声在内的各种扰动，又显著提高了偏置电路的匹配性和稳定性。同时，电路内部还存在一条由 PM7→NM3→NM0→MN7 组成的正反馈环路，电路结构中应使负反馈环路比正反馈环路具有更高的增益，以确保平衡条件下系统的稳定。由基准核心电路与自偏置回路共同构成一个环路控制结构。这种控制结构类似运算放大器的作用，回路能有效提高整个基准电路的 PSRR。

    Mn 管并联在电阻 Rn 端，栅电位接基准或近似基准输出，选择其源端合适的电位使该管从低温段开始导通。由于低温起点的补偿在高温区同样起作用，因此必须协同配置补偿起始点，补偿量的大小以及一阶非对称补偿曲线的变化特性。由于 V_{GSN} 的正温度特性与 V_{TN} 的负温度特性，使得 Mn 管有效驱动电压呈正温度特性并占主导作用，Mn 管电流导通后随温度上升而增加，流过 Rn 电阻电流的正温度系数减小而负温度系数增加，输出负温度特性加强，形成第一个极高峰值点。同时由于补偿管并联的分流作用，输出电压值降低，形成图 6.23（b）所示的二阶补偿特性。由于 Mn 管栅压 V_{GN} 及其温度特性在一定范围内可自由配置，当 V_{GN} 下降到低于基准电压时，V_{GN} 负温度系数增加，Mn 管电流的正温度系数下降，从而抑制了输出电压的降低。这意味着可通过配置 V_{GSN} 电压选择合适的补偿起始点及其温度系数得到所需的二阶补偿特性，或者当补偿设定后，Mn 管的温度负反馈控制更有利于温度特性的稳定。

    在实际调制电路中，输出支路电流的大小会影响该支路三极管 EB 结的温度特性，因此，在优化电压模结构时，要综合输出支路电流大小、补偿电流大小，以及基于降低电流失配参数设计这三方面的优化考虑。电路设计参数见表 6.3。

表 6.3   基于电流镜电压基准结构参数设计电路设计参数

MOSFETs	W/L（μm/μm）	模型	器件	L/W（μm/μm）	模型
PM0~PM5	(2/2)×10	mp	R_0，R_1	30/4	rhr2k
PM6	2/6		R_2	(29.8/4)×11	
PM7	(2/2)×14		Rn	29.55/4	
Mn	(2.2/2)×2	mn	VT0：VT1：VT2：VT3：VT4	8：1：1：1：1	qvp10
NM0~NM3	(2/2)×4				

四、仿真验证

1. 基准电压温度特性

    在 3V 典型工作电源下，在 −40~125℃温度范围内，如图 6.26 所示，TT 模型下补偿

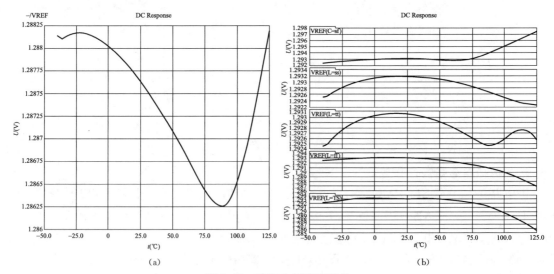

图 6.26 基准电压温度特性

（a）TT 模型下基准电压一阶温度特性曲线；（b）补偿后不同工艺角基准电压温度特性

前温度系数为 $9.055 \times 10^{-6}/℃$，补偿后输出电压的纹波幅度仅为 $0.6061mV$，输出精度值为 $2.841 \times 10^{-6}/℃$，温度系数减小很多。其他不同模型温度特性见表 6.4，FF、FS、SF、SS 温度系数分别为 $28.2 \times 10^{-6}/℃$、$35.11 \times 10^{-6}/℃$、$23.3 \times 10^{-6}/℃$、$4.319 \times 10^{-6}/℃$，其中 FS 模型温度系数较大。

表 6.4 　　　　　　　　　　　　　　电流镜结构五种模型输出电压变化

名称	TT	SS	FF	SF	FS
V_{min}	1.2924	1.2922	1.2870	1.2924	1.28570
V_{max}	1.2930	1.2932	1.2929	1.2973	1.29315
ΔV_{max}	0.0006	0.00092	0.00598	0.00494	0.00745

2. 电源电压抑制比特性（PSRR）

基准电压电路是基于低频直流的稳压电路，当电路中的高频成分增加时，基准的稳定性会随着频率的增加而恶化。当电源由于外界的干扰而出现波动时，会产生不同频率的交流频谱分量，这些交流分量会使基准的输出电压产生一定程度上的波动，影响了基准的稳定性。

如图 6.27 所示，在输入直流电压 3V 和工作温度 27℃ 的情况下，加上交流幅值为 1V 的交流电压，用以模拟噪声的干扰。可以看到这个带隙基准电压源在低频 100Hz 时的电源抑制达到了 $-70.6dB$，10kHz 为 $-63.36dB$，补偿前后差异不大都已满足设计要求。

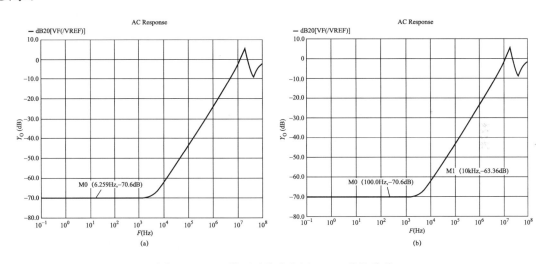

图 6.27　TT 模型下基准电压 PSRR 特性曲线
（a）一阶基准电压 PSRR 特性曲线；（b）高阶补偿的基准电压 PSRR 特性

3. 电源调整率

电源电压从 0 变化到 3V，温度为室温 27℃。TT 模型下的模拟结果如图 6.28 所示，补偿前带隙基准电压源在不到 2V 时就开始工作了，图中显示了带隙基准电压源在电源电压 2～3V 范围内输出电压的变化情况，由此算出电源调整率补偿前 3.5mV/V，补偿后为 3mV/V。

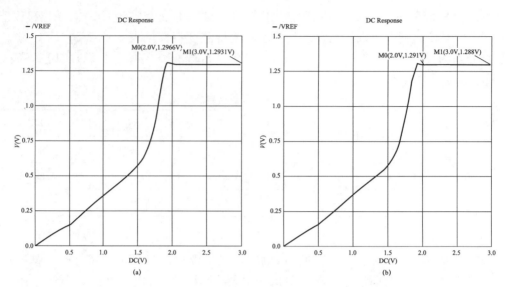

图 6.28   TT 模型下基准电压随电源电压变化特性

(a) 一阶基准电压随电源电压变化特性；(b) 高阶补偿基准电压随电源电压变化特性

通过仿真验证，提出的高阶温度补偿技术对于三极管带隙基准的高阶温度补偿是非常有效的。同时该结构以及温度补偿原理使得基准电压在温度系数、工艺稳定性、PSRR 特性方面存在一定的折中关系，进行电路参数设计时尽可能优化。

五、版图设计与验证（视频-VREF7）

限于 CSMC 0.35μm 工艺所提供的规则文件等，这里版图的验证主要采用的是 Cadence 的 Dracula 工具集。从 Virtuoso Layout Editor 的 Tools 菜单中启动 Dracula interactive 菜单项，整个 Layout Editor 界面就更新到 Dracula 验证界面。设计完的版图需要进行一系列的验证，包括 DRC、LVS 等，下面进入版图的验证过程。电路整体版图如图 6.29 所示。

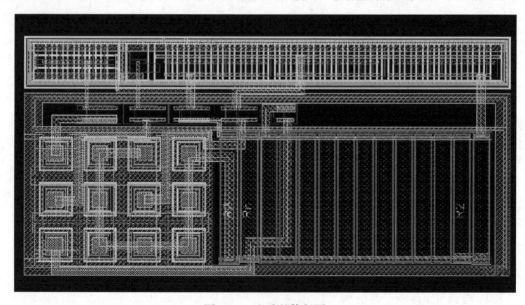

图 6.29   电路整体版图

1. DRC 验证（视频 - VREF7_drc）

DRC（Design Rule Checker）验证的主要目的是验证所设计的版图是否符合工艺线提供的尺寸设计规则的要求。在 Linux 控制台下，输入 PDRACULA 启动命令行界面，编译 CSMC 0.35 μm 3.3V/5V double poly MIX process DRC command file for Cadence Dracula Tools IPCO - 0037 4D10.drc，产生 jxrun.com，即 DRC 的执行文件。在命令行中运行".jxrun.com"后，打开 Virtuoso Layout Editor，进入 Dracula interactive 界面，运行菜单 DRC 中的 setup，设置完 drc 运行目录，单击 OK，得到如图 6.30 所示的界面。从图中可以看到，Rules Layer Window 中没有列出版图设计违反的规则条目，表明基准电路整体设计通过 DRC 验证。

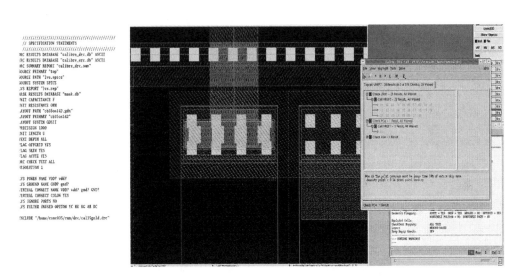

图 6.30 DRC 验证

2. 版图提取与 LVS 验证（视频 - VREF7_lvs）

Cadence 的 Dracula 验证工具将版图提取和 LVS 合成一步来进行操作。LVS 首先需要将原理图电路提取出 cdl 文件格式的网表，然后在控制台用 LOGLVS 应用程序进行编译。接下来在控制台运行 PDRACULA 编译 CSMC 0.35 μm 3.3V/5V double poly MIX process LVS command file for Cadence Dracula Tools IPCO - 0037 4C09.lvs 文件，产生 jxrun.com，即 LVS 的执行文件。在命令行中运行".jxrun.com"后，打开 Virtuoso Layout Editor，进入 Dracula interactive 界面，运行菜单 LVS 中的 setup，设置完 LVS 运行目录，单击 OK，得到如图 6.31 所示的界面，电路参数特性见表 6.5。

表 6.5　电路参数特性

电路类别	温度特性	电源抑制比（$PSRR$）	电源调整率	功耗
基于电流镜结构的基准电压源	补偿前 $T_C = 9.055 \times 10^{-6}/℃$ 补偿后 $T_C = 2.841 \times 10^{-6}/℃$	补偿前　100Hz—70.67dB 　　　　10kHz—63.43dB 补偿后　100Hz—70.6dB 　　　　10kHz—63.36dB	补偿前 3.5mV/V 补偿后 3mV/V	55.68 μW

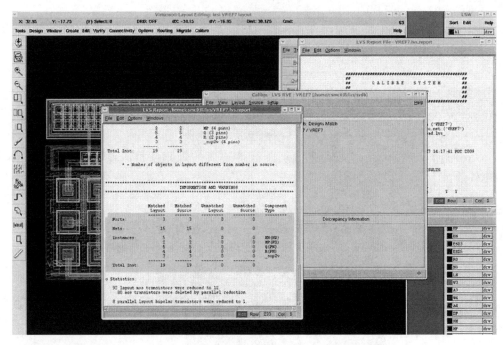

图 6.31　LVS 结果

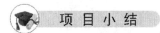　项 目 小 结

　　主要介绍基准源设计的参数性能指标，重点分析了带隙基准电压源的工作原理、带隙基准电压源的几种基本结构和不同的高阶温度补偿方法。比较全面地介绍了高精度基准电路设计过程中可能会涉及的基本知识、设计和验证方法。

参 考 文 献

［1］Ravavi B. 模拟 CMOS 集成电路设计 ［M］. 陈贵灿，程军，张瑞智，等，译. 西安：西安交通大学出版社，2003.

［2］何乐年，王亿. 模拟集成电路设计与仿真. 北京：科学出版社，2008.

［3］魏廷存，陈莹梅，胡正飞. 模拟 CMOS 集成电路设计 ［M］. 北京：清华大学出版社，2010.

［4］李伟华. VLSI 设计基础 ［M］. 北京：电子工业出版社，2002.

［5］R. Jacob Baker，Harry W. Li，David E. Boyce. CMOS 电路设计、布局与仿真 ［M］. 刘艳艳，张为，等，译. 北京：机械工业出版社，2006.